[英国]彼得 · M.希金斯 著 张弢 译

代数

牛津通识读本 ·

Algebra

A Very Short Introduction

译林出版社

图书在版编目（CIP）数据

代数 / （英）彼得·M. 希金斯（Peter M. Higgins）著；张弢译. -- 南京：译林出版社，2025. 3.（牛津通识读本）. -- ISBN 978-7-5753-0490-0

Ⅰ. O15-49

中国国家版本馆CIP数据核字第20242E3T51号

代数　［英国］彼得·M. 希金斯 / 著　张　弢 / 译

责任编辑　陈　锐
装帧设计　景秋萍
校　　对　王　敏
责任印制　董　虎

原文出版　Oxford University Press, 2015
出版发行　译林出版社
地　　址　南京市湖南路1号A楼
邮　　箱　yilin@yilin.com
网　　址　www.yilin.com
市场热线　025-86633278
排　　版　南京展望文化发展有限公司
印　　刷　江苏凤凰通达印刷有限公司
开　　本　890毫米×1260毫米　1/32
印　　张　9.75
插　　页　4
版　　次　2025年3月第1版
印　　次　2025年3月第1次印刷
书　　号　ISBN 978-7-5753-0490-0
定　　价　39.00元

序　言

陈　猛

译林出版社自牛津大学出版社引进的VSI系列丛书，由英语世界各领域的大专家倾力打造，旨在提供各学科深入浅出的入门指南。译林出版社将这些作品精心翻译并倾力呈现，意在助力我国通识教育的发展。在阅读这本《代数》时，不难发现其内容精选而精练，叙述清晰而流畅，逻辑结构严谨而连贯，它无疑是引领读者直接步入现代数学殿堂的理想入门读物。

可以说代数是计算机系统能够有效工作的运算灵魂。本书开篇于“代数”这一现代数学的基本概念，先后介绍数的运算、方程、二次方程、多项式、三次方程；从第六章开始，本书介绍现代代数学的三大基石——群、环、域的概念，然后用模运算作为例子讲述加法、乘法运算的性质，甚至从整数模p运算提到了Z_p，本书比较强调同余运算和同余方程。不同于我国的线性代数教材，本书直到最后才引进矩阵概念，并非常快速地介绍逆矩阵、矩阵群、行列式、相似矩阵及对角化、向量空间，最终以有限域概念收尾。本书给我的印象是，它能迅速把读者带至现代代数的门槛——群、环、域，并主要以算术运算为实例贯穿通篇。本书很真实地演示了代数学的离散数学性质，是一本可以让读者入门代数学的导读蓝本。

本书作者为代数学家彼得·M. 希金斯，他曾担任英国埃塞克斯大学数学系主任，是圆盘数独的发明者，著有《给好奇者的数学》（*Mathematics for the Curious*）《网、拼图和邮差》（*Nets, Puzzles, and Postmen*）《激发想象力的数学》（*Mathematics for the Imagination*）等颇受欢迎的数学书籍，其中部分著作已经被翻译成意大利语、西班牙语、日语、韩语等多种语言。他撰写的这本书同样广受数学爱好者青睐。

代数是现代数学的重要组成部分，它区别于分析和几何，有自身独特的魅力，虽然它呈现给人们的是抽象，但它从未缺乏高雅与尊贵，联想到曾经揭开抽象代数神秘面纱的艾米诺特、伽罗华这样伟大的数学家，任何数学爱好者都会不自觉地向往代数学殿堂。

现代文明离不开数学，现代数学离不开代数。谨以此序赠予有幸通读本书的数学爱好者！

目 录

前 言

代数是数学的通用语言，而这本小书的目的是要阐明代数是关于什么的。支配代数的法则源于数的特性；我们的主题之一就是，算术与代数的法则及实践，有多少是一小部分反映了普通整数常见性质之基本法则的结果。

本书前半部分叙述了代数的大部分内容，这些已经是中学数学持续了数代人的主要教学内容，以求解线性方程以及二次方程中的未知数为基础。这些读者会在前四章中读到。近世代数诞生于为解决高于二次的方程而出现的争论；本书的第一部分结束于第五章，这一章讲述一般三次方程的求解，其根未必只是简单的分数，而可能涉及通常所说的无理数和复数。

本书的下半部分引入该主题的现代视角；我们着眼于这样的代数，即其并非基于数的一般性质，而是涉及其他门类的数学对象。第六章的主题是余数的算术，提供了含有两种运算的基本代数类型即环的若干实例。矩阵则是第七、八、九章的中心主 i
题。矩阵的起源可以回溯至数千年前的古代中国；但这一主题直到19世纪中期才获得关注，由此始点它已经成长为计算的主要工具，应用遍及数学、物理及社会科学。然而，在纯数学中，矩阵理论的历史意义是它提供了数域之外另一类型代数的重要实例。最后一章介绍向量空间和有限域。

本书的叙述过程中简要提及了代数的许多方面，而每一方面都很重要。我希望读者在通读本书时会看到各部分的拼图聚合在一起，从而在整体上理解代数。现代抽象代数牢固地建立在被称为群、环、域等结构以及向量空间的基础之上。随着本书内容的展开，读者可以通过其中出现的示例来了解这些构造。只有在此之后，才会以更正式的方式引入这些概念。这样做的目的是，读者既会对基础数学的概况留下印象，又能品味并管窥广阔代数世界的现代视角。

彼得·M. 希金斯

科尔切斯特，2015

第一章

数与代数

代数的背景故事

在我们的学生时代，黑板上出现的x与y，代表着这样一个始点，于此数学跨越了算术的范畴，而通过获取一种自有语言进入了更高的领域。迈进了代数的大门，数学这门学科由此发展出令人惊讶的力量，给我们展现了以其他任何方式都无法发现的内容。现代科学以数学为基础，而数学便是通过对代表着被关注量的符号进行代数运算而运作的。确切的物理关系通过代数这样一种工具被揭示出来，包括最著名的质能方程$E = mc^2$，以及许多其他方程。就像爱因斯坦的狭义相对论中出现的这则等式一样，方程式都是以实验为基础的物理模型的结果。尽管如此，这种关系本身就是通过代数来表达的。代数赋予如下重要的结论以威力，即能量与质量是一回事儿；而这就是位于底层的代数无可置疑的正确性。代数构成了所有现代系统化研究的基础。尽管这些研究的成果可以被融合进科学软件之中，但若没有代数，进步是不可能的。

“algebra”（代数）一词源于阿拉伯语词汇“al-gebr”，意思是
1 “折断部分的复位”。11世纪时，或许正是伊斯兰世界代表着数学领域最复杂巧妙的文明。不过，那时还没有见于现代文本中那种类型的代数运算；中世纪的数学写作是修辞式的，一切都用言语描述，这种风格遍及马可·波罗所处的世界。我们也许能辨别出的一种代数，直到17世纪才出现。纸张的稀缺可能阻碍了数学符号体系的自然发展；不过也应该意识到，古代学者面对着诸多遮蔽了算术之根本数学面貌的障碍。我们在执行代数运算时会引入任意符号，最常见的是x和y，用来表示确定而未知的数，并根据算术法则对这些符号进行处理。无论数x与y可能是什么，支撑我们所做的一切的理由是，在我们运算中出现的关系是真实的，因为它们是我们初始假设及适用于所有数的法则的结果，与其特定的数值无关。用代数符号来表示未知量是一种便利的缩简；诚然简洁肯定有助于推理，但代数真正的力量源于符号赋予阐释的普适性，这使得它们能以一种强有力的方式被运用，而这种方式是词汇无法单独胜任的。

为了认识到代数的潜力，我们要能以无限制的方式移动我们的符号，即自如地利用算术运算，特别是成对的基本运算：加法与减法、乘法与除法。为此，我们需要一套适用的计数系统。比如，我们如果认为负值毫无意义而加以拒绝，或者进一步从根本上不把零看作一个数，便会受到妨碍而自我否定代数所赋予的探索未知量的世界的自由。我们认为代数世界的存在是当然的。不要说在其被恰当地理解及得以发展之前，甚至在其开始
2 被窥视之前，就有大量的困惑需要清除。过去的智者会震惊于

现代的某位学生能够轻松地用代数来彻底地解决问题；而在他们看来这些问题是不可能的，甚至可能是难以清晰描述的。比如，学校中的代数便足以证明整数的平方根如$\sqrt{36}$或$\sqrt{42}$，要么是另一个整数，要么根本不是分数。古希腊学者为这个问题付出了巨大的努力，并且运用他们所掌握的几何方法来证明大到$\sqrt{17}$的一些特定平方根不是分数。然而，这个平常的问题难倒了他们。不过，这个问题和其他许多超越古人所及范围的问题，完全可以为牛津大学出版社通识读本系列的读者所理解，正如你即将读到的那样。

计数系统

为了驾驭代数的力量，我们需要一套满足其需求的计数系统。部分要求是，自由地运用适合于任意数或未知数的符号来执行四个基本的算术运算。但是，普通的自然数集合就这一点来说是有缺陷的。1，2，3，…这些由计数产生的数被称为自然数；因为一旦我们开始对事物进行计数，这些数或大或小自然而然地就出现了。自然数的集合用$\mathbb{N}$表示，$\mathbb{N}$对于加法运算和乘法运算是封闭的。这意味着假如我们由两个自然数出发，可以把它们相加或相乘，而结果始终是一个自然数。不过，减法则是另一回事儿。减法是一个数减去另一个数，是加法的反向运算或逆运算，而数学家更乐意用后者来表述。就像$3-5$这样的算术题中的减法运算，把我们从$\mathbb{N}$中带了出来，而进入人们平常所说的负整数的范围。出现这种困难时，我们不会放弃，而是采取如下态度，即我们的计数系统目前不够完备，应该扩展，使得我们的计算能继续下去。

数的典型范例遍布高等数学及工程的所有领域，即通常所说的复数域，由ℂ表示。从ℕ一路到ℂ的旅程很长，直到19世纪才真正完成。在此之前，关于不同于自然数的数，对其真实性、意义及有效性还有许多哲学上的烦恼。不过，我们将毫不迟疑地介绍所需类型的数。

说到此处，我们首先为ℕ关联零这个数，用0来表示，即使得任何数加上或减去后数值都不会改变的那个数。必须承认0并不是我们有时称之为自然数的正整数中的一员；不过，0仍然是个数，因而有必要在我们的算术系统中找到其自身的位置。接下来，我们为每个正数引入一个负的镜像；例如，−6便是6的负“搭档”。

尽管对于这门学科的发展并非必需，不过要描绘并解释数的行为，通常最简单的方式是想象数沿着数轴排列。这是一条水平线，整数就被置于沿线长等间距的点上。我们把0放在中间，正整数以自然升序向右行进，而负整数则占据零左侧的镜像位置。

所有整数的集合，如该集合的名称那样，包括正整数、负整数以及零，用符号ℤ表示；而ℚ代表有理数的集合，由所有分数及对应的负数组成。集合ℤ包含于ℚ，因为整数n即等于有理数
4 $n/1$。（我们说，ℤ是ℚ的子集；同样，ℕ是ℤ的子集。）不过，像3/9和7/21这样的两个有理数被认为是相等的，因为二者都可化简为相同的分数，即1/3。任何正有理数都有唯一的表达式，即约分至最简项的分式a/b，这里的a和b除了1之外没有别的公约数。有理数也可以描绘成按其自然顺序分布在数轴上，稠密而均匀地在整个数轴上展开。

一个数m（或正或负）加一个正数n，我们就从m出发，在数

轴上向右移动n个点位，而减n则是左移n个点位。在集合$\mathbb{Z}$中，每个数n都有一个相反数 $-n$，我们现在用这个性质把减法定义为与负数相加。我们声明，减去任何数n，即指加上其相反数$-n$，所以加上一个负数$-n$，就是在数轴上左移n个点位。那么，要减去一个负数$-n$，我们就加上它的相反数n。换句话说，要减去负数$-n$，我们就在数轴上右移n个点位。

这种观察事物的方式，对于如下这样的算式

$(-1)+4=3$，$6+(-11)=-5$，$(-8)+6=-2$，$1-(-9)=1+9=10$，

便得出了熟悉的求和结果，正如图1所示那样。

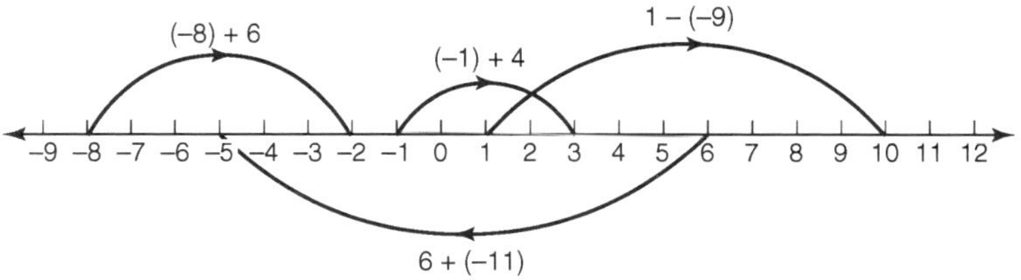

图1　数轴上的加法与减法

以上式子中，-1及其他负数前后的括号并不是必需的；但被引入是为了避免以一个运算符来开启一个算式，或是为了避免比如“ + ”和“−”两个运算符间的冲突。之所以有这样做的必要，是因为我们赋予了“−”两个略微不同的含义：既用于表示取一个整数的相反数，此时是作用在单一数上的运算符；也用来表示减法，这时是作用在有着特定顺序的两个数上的运算符。 5

至此，我们尚未提及任何你可能称之为代数法则的内容，

来解释我们的算术是如何运作的。针对我们这些法则的合理解释，更确切地说，是取决于将减法的概念扩展至已按自然的线性方式排列的整个整数集合。我们在第二章中来探究支配算术运算的法则，并解释这些法则是如何扩展的，以便当我们从一个计数系统转到一个包括前者但更大的系统时，这些法则仍然适用。

数的因数分解

尽管一个整数除以另一个整数通常会得到一个并不属于整数的分数，但用一个整数除以另一个整数还是有可能得到一个整数的；而这是如何发生的，以及什么时候会发生，相关性质是很重要的，并且在我们将要遇到的其他代数系统如多项式中也会出现类似的问题。因此，我们现在就来说说整数除法的主要性质。我们要开始使用幂记号（比如把$2\times2\times2$写作2^3），还有“小于”号（$<$）和“小于等于”号（$\leqslant$）（例如，$4<7$及$-3<2$，正如各个实例中那样，数轴上的第一个数都在第二个数的左侧）。当我们知道正在处理字母比如a、b所表示的数的乘法时，通常就把乘号看作默认的而把算式写成ab的形式，或者有时也写作$a\cdot b$，而不是$a\times b$。我们倾向于回避繁琐的乘号，所以有时也会
6 把$2\times(-3)\times4$这样的算式写成$(2)(-3)(4)$。

我们有一个整数a及另一个整数b，若b能写成$b=ac$，那么a就是b的因数[①]或除数，此处c本身也是一个整数（同理，那么c当然也是b的因数）。素数是像71这样的整数，它恰有两个正因数，一个必须是1，另一个则必须是该数本身。大于1而不是素

① 亦称“因子”“约数”。——译注（以下未注明的皆为译注）

数的整数称为合数，因为它是由更小的因数组合而成的。例如，$72 = 8\times9$。我们说8是72的因数，或者说8整除72，或者说72是8的倍数：我们有时把这种关系记作$8|72$，它仅是“8为72的因数”的简略表述形式而已。尽可能一步步地对给定某数的因数进行分解，最终会得出该数的素数分解。对于上例，$72 = 8\times9 = 2^3\times3^2$。我们本可以用另一种方式求出72的素数分解，即$72 = 6\times12 = (2\times3)\times(4\times3) = (2\times3)\times(2\times2\times3)$；不过，将素因数从最小到最大重新排列，得到的是跟之前一样的结果；于是我们说$2^3\times3^2$是72的素数分解。“算术基本定理”告诉我们，任意自然数n的素数分解（用按升序排列的素因数来表示）是唯一的。这种唯一性可以由数的更为基本的性质，即“欧几里得引理”①推导出来。该性质表明，若素数p整除a与b的乘积，记作$p|ab$，那么p或是a的因数或是b的因数（或者可能是二者的因数）。“欧几里得引理”的一个等价表述是，若a与b都不是素数p的倍数，那么它们的乘积ab也不是。这个性质尽管看起来合理可信，却并非不言自明，而我们在这里也不打算证明欧几里得引理。不过，我们稍后会在本节进一步解释该引理为什么成立。（本书关于数的章节详细阐释了整数的所有性质，而这些性质于此都被认为是成立的。）

一个自然数a除以另一个自然数b，一般用如下方法。即要用b除a，我们就从a中将b辗转减去多次，次数比如记作q，直到余项$r < b$。这样，我们便有$a = bq + r$。这个算式是唯一的：q和r都只有唯一的值，使得该式成立；切记，我们要确保

① 该引理通常也被称为“欧几里得第一定理”。

$0 \leqslant r \leqslant b-1$。也有些特殊情况：比如，恰好当$a < b$时，$q = 0$，此时$r = a$。更有意思的是，正好当$b|a$时，$r = 0$，此时$a/b = q$。

来看一个有代表性的示例，若$a = 72$且$b = 13$，那么$72 = 13 \times 5 + 7$，这样我们有$q = 5$而$r = 7$。对于给定的a和b，来求算式$a = bq + r$的过程，被称为“带余除法”①。

我们在算术中首次遇到的一个基本代数思想，是关于两个正整数a和b的最大公约数的，它也被称为最大公因数②。顾名思义，a和b的最大公约数或最大公因数，就是a和b的公因数中最大的那个数d；因为a和b总有至少一个公因数，即1这个数，所以最大公因数必定存在。如果a和b两个数的最大公因数是1，那么我们就说这两个数互为素数③。例如，$15 = 3 \times 5$与$28 = 2^2 \times 7$便互为素数（尽管15和28本身并非素数）。不管怎么样，剩下的问题就是我们可以如何计算给定两个数的最大公因数。

最大公因数d可以通过比较a与b的素数分解来求出，因为d的素因数恰是a与b的公因数。不过，求解最大公因数还有更好的方法，被称为“欧几里得算法”，它不仅更快，而且还揭示了其他有用的关系。我们稍后会解释该算法，但首先要关注公因数的某些基本性质。

比如，假设c是a和b的任意公因数，于是有$a = ct$及$b = cs$。接下来有任意一个数r，$r = ax + by$，其中x和y本身是整数（可能是负数或零），那么c也是r的因数。为了看得更清楚，我们找到并“提取”算式$ax + by$的公因数c，如下所示：

---

① 原文“Division Algorithm”字面即“除法算法”，数学上通常称作“带余除法”。

② 汉译也作“最大公因子”。

③ 西文中“prime”一词，汉译也作“质数”。所以，“互为素数”也称“互为质数”，有时也简作“互素”“互质”。

$$r = ax + by = ctx + csy = c(tx + sy)。 \quad (1)$$ 8

由于 $tx + sy$ 也是整数，所以 c 实际上就是 r 的因数。

（1）式的一个直接结论是，它适用于我们以 $r = a - bq$ 来表示的带余除法等式，因为它告诉我们，a 和 b 的任意公因数也是 r 的因数。同理，由 $a = bq + r$，可知 b 和 r 的任意公因数也是 a 的因数。因此，a 和 b 的所有公因数的集合，等同于 b 和 r 的所有公因数的集合；特别地，a 和 b 的最大公因数也是 b 和 r 的最大公因数。这让我们能处理 b 与 r 这两个数，而不是直接处理 b 和 a。由于 $r < b$，我们现在可以将带余除法应用于（b，r）这对数并重复该过程，直到 a 和 b 的最大公因数出现，这就简化了我们求解最大公因数的问题。这一过程被称为“欧几里得算法”[①]。

现在让我们用上述算法来处理 $a = 189$ 和 $b = 105$ 这两个数。每一步，我们给要计算的两个数标出下划线，并用小的数去除大的数，且从一行算式列到下一行时就舍弃大的数。余数为0时，表明上一行的余数就是所求的最大公因数，我们即终止该过程：

$$189 = 1 \times 105 + 84,$$

$$105 = 1 \times 84 + 21,$$

$$84 - 4 \times 21,$$

所以，189和105的最大公因数就是21（$189 = 9 \times 21$，$105 = 5 \times 21$）。

这些算式本身是有用的，因为它们可以逆推，从而表示初始的两个数 a 和 b 的最大公因数 d。我们从倒数第二个算式开始，

① 汉译更一般地也作“辗转相除法”。

并考察d，这种情况下求得$21 = 105 - 84$。接着，我们依次用每个等式来消除中间的余数：本例中，第一个算式给出$84 = 189 - $
9 105，于是最后我们有

$$21 = 105 - (189 - 105) = 2 \times 105 - 1 \times 189。$$

此外，有些有趣的理论成果，我们将在第六章来讨论。本节中，我们之前证明了a和b的任意公因数c也是任何形如$ax + by$的数之因数；由于a和b的最大公因数d可以表示成这种形式，即可通过倒推“欧几里得算法”的运算过程来求出，那么可知a和b的任何公因数c整除它们的最大公因数d。进一步说，$a' = a/d$及$b' = b/d$有一个最大公因数1，因为比如假设t是a'和b'的一个公因数，那么$a' = ta''$且$b' = tb''$。我们要证明$t = 1$。（上撇号的使用是种提醒我们自己的方式，即a'和a''是a的因数：当然，任何新符号都可以使用。）前面的等式意味着$a = da' = dta''$以及$b = db' = dtb''$，由此可知dt是a和b的一个公因数。然而，由于d是a和b的最大公因数，于是有$t = 1$，而a'和b'实际上就互为素数。在我们的题例中，$a = 189$，$b = 105$，而$d = 21$；用这个最大公因数来做除法运算，便有$189/21 = 9$及$105/21 = 5$，而9和5没有公因数（除1之外）。

两个数a和b的最大公因数可以用$ax + by$这种形式来表示，这一事实处于众多与数相关的代数证明的中心位置，而“欧几里得引理”只是许多例子中的一个。
10

第二章

代数的法则

法则、技巧与陷阱

我们作为数学的初学者跌跌绊绊地穿行于代数的世界，一路走来经受颠簸碰撞还有青肿瘀伤，就像学习走路时一样。差不多是通过尝试，我们发现了一份列表，通常是份有点儿长且无序的列表，记录着我们在移动符号时能做以及不能做的事情，从而形成一系列赖以为继的代数法则。

在过去的数世纪中，情况更糟，因为这个主题没有成系统的基础，并且人们也不清楚应该在多大程度上来认真对待它。11世纪中的波斯数学家、诗人欧玛尔·海亚姆坚持认为，代数不仅仅是一个求解未知项的技巧盒子，更是一条通向几何真理的可行路径。他尽管有这样的洞察力，却缺乏任何类似现代代数符号的东西。即使负数，过去最多也就被认为是形式主义，即没有内在意义，而只是一些更大规模计算的一部分。

我们这里的尝试只专注于三条法则，并借助我们整数运算的经验对其做出解释。不过，先来说说标括号。

括号用于表明要按什么顺序来执行算式中的独立运算。不
11 过，当我们写下像 $3+7+8$ 这样的求和算式时，我们并不觉得需要用括号，因为如下两种对算式加括号的方式是可互换的，会得出同一个答案：

$$(3+7)+8=10+8=18; \quad 3+(7+8)=3+15=18。$$

我们说加法运算是可结合的，意思就是对于任意的数如 a、b、c 总有 $(a+b)+c=a+(b+c)$ 成立。同理，我们有乘法的结合律：$a(bc)=(ab)c$。

但也不能当然地信赖数总是会服从这组结合律，尽管这或许并不少见。然而，我们将视这一对运算律是当然成立的，虽然应该明白结合性对减法和除法会失效。例如，

$$(11-6)-3=5-3=2; \quad 而 11-(6-3)=11-3=8。$$

你总是要留意，什么时候会有括号及减号。如果我们想移除第二个求和式中的括号，就需要改变括号中每一项的符号，而不仅仅是第一项的，以求出正确的结果：

$$11-(6-3)=11-6+3=5+3=8。$$

同样的，除法也不是可结合的：

$$(24\div6)\div2=4\div2=2; \quad 而 24\div(6\div2)=24\div3=8。$$

因此，标括号的不同会得出不同的结果。

有一个约定，时而回避了对标括号的需求：比如，我们写下

11 − 6 − 3时，意思就是（11 − 6）− 3，这是好理解的。所以，我们从左至右运算时会按照各项出现的先后顺序来求解。 12

另外，在没有括号给我们指示的情况下，作为一般原则的约定是，当有乘法与加法的混合运算时乘法优先于加法。所以，例如4 + 7×3就隐含地表示4 +（7×3）= 4 + 21 = 25。我们如果要求优先执行加法运算，就需要通过标括号而把相应各项关联起来，并将算式写成（4 + 7）×3 = 11×3 = 33。我们要明白，$a+b\times c$只是$a+(b\times c)$的一种简写形式，而该约定并不代表某条代数法则，因为它没有展示与数的性质相关的一般事实。

然而，有一条真正的运算法则，把加法与乘法联系在了一起，即分配律——这是一条告诉我们如何处理括号外乘法运算的法则：

$$a(b+c)=ab+ac。$$

我们可以看到，这条法则为什么对于正数a成立，正如下式所展示的那样，

$$\underbrace{(b+c)+(b+c)+\cdots+(b+c)}_{\times a}=\underbrace{(b+b+\cdots+b)}_{\times a}+\underbrace{(c+c+\cdots+c)}_{\times a},$$

之所以发生我们所见到的运算，是因为当我们把许多b与许多c相加时，结果与被相加的数的顺序无关。讨论这些的时候，我们在假设另一条法则，即加法的交换律：

$$a+b=b+a,$$

这同样是一条适用于乘法的法则，即有$ab=ba$。总之，这些就是

我们后面要用到的：加法与乘法的结合性、交换性，以及乘法对加法的分配律[①]。

作为考察这些法则适用范围的一个尝试，我们来证明$a\times0=0$。因为$0+0=0$，由分配律我们有

13
$$a\times0=a\times(0+0)=(a\times0)+(a\times0)。$$

因此，数$b=a\times0$便可以写成$b=b+b$。从这个小式子两边减去b，便有$0=b$，这就是说$a\times0=0$。

我们有点超前了——后面还会再来考察这些内容——但这个讨论确实给出了一个方式上的例子，通过这种方式说明数的一些性质是代数法则的结果，正如我们对其所做的概述那样；而这些性质并不是非得假设的。

接下来，我们将除法同减法进行比较。我们把对a的减法运算看作对其相反数$-a$的加法运算，这里的$-a$正是与a相加时得出0的那个数。代数中，我们将$-a$称为a关于加法的逆元。数0是加法中性元，即与任何其他数相加时都不会使后者的值发生改变的那个数。我们照搬乘法运算的这种模式，以便用一致的方式来定义除法。

我们首先确认乘法中性元，即与任何其他数相乘时都不会使后者的值发生改变的那个数。这个数当然是1：$a\times1=a$。于是，数a的逆元就是其倒数$1/a$，因为$1/a$可使$a\times1/a=1$。类似于减法，我们现在将除以某数a看作乘以其倒数$1/a$；这样，例如$8\div(2/3)=8\times(3/2)=4\times3=12$，正像对于$a=2/3$，有$1/a=3/2$，因为$(2/3)\times(3/2)=1$。除法是乘法的逆运算。而我们现

① 即通常所说的“乘法分配律”。

在也可以解释另一个代数上的事实，即

$$\frac{a+b}{c}=\frac{a}{c}+\frac{b}{c}, \tag{2}$$

我们不妨暂停一下，来好好思考（2）式实际上在说些什么。由于除以c意味着乘以$1/c$，所以（2）式可以写成

$$\frac{1}{c}(a+b)=\frac{1}{c}a+\frac{1}{c}b,$$ 14

于是，我们看到法则（2）并不是什么新内容，而只是分配律的一个特例。

在不能肯定能用某个代数式做什么时，通常的经验法则是“把所有项都置于一个公分母之上”。这一步是基于分配律的，而且被如此普遍地应用，那么我们就有必要解释清楚。这包含的是对两个分数相加时所完成之运算的一般描述：

$$\frac{a}{b}+\frac{c}{d};$$

此处分母（即短线以下部分）不同，而这是真正的不一致。这些分式用了两种不同的度量单位[①]：第一个是用$1/b$，而第二个则是用$1/d$。要往下走，我们就需要用一个公分母来表示两个分数。而乘积bd总是b和d的公倍数，因此我们按前述那种方式继续，即用$1/bd$作为两个分数的公共度量单位，再用法则（2）在反方向上完成求和运算。然而，我们用某些数乘以其中一个分母时，

① 该句中“度量单位”原文作“units of measurement”，于此是指将单位“1”平均分成若干份，得到比如该句中的“$1/b$”“$1/d$”。这种分子为1的分数更一般地称作“单位分数”，可以作为该类分数的“度量单位”。

也必须对分子（即短线以上部分）进行相同的乘法运算，而不至于改变分数的值。按照这些规则，代数式展开如下：

$$\frac{a}{b}+\frac{c}{d}=\frac{ad}{bd}+\frac{bc}{bd}=\frac{ad+bc}{bd}。$$

分配律还允许我们展开括号中任意长度的和式。代数中一个基本的事实涉及展开二项式的平方：$(a+b)^2$。我们暂用符号c来标记第一个因式$a+b$，就可以一并运用分配律和交换律，从而得到

$$(a+b)^2=c(a+b)=ca+cb=ac+bc$$

15 $$=a(a+b)+b(a+b)=a^2+ab+ba+b^2,$$

接着，把中间的同类项加起来便有

$$(a+b)^2=a^2+2ab+b^2 \qquad (3)$$

我们把像（3）式那样的结果称作代数恒等式，意即（3）式总是正确的，而无论a和b是什么数。这与仅满足某些x值的等式不同，比如$x^2-9x+8=0$；此例中，该等式仅在$x=1$或$x=8$时成立。

“合并同类项”的运算，只不过又是分配律的一种实例。例如，让我们整理下面这个代数表达式：

$$4a^2-5ab-a^2+ba=4a^2-a^2+ab-5ab,$$

这里，我们重新调整了单项的顺序，并在相关单项中运用了交换律。我们继续用分配律来“合并”：

$$= a^2(4-1)+ab(1-5)=3a^2-4ab。$$

当然，通常情况下，我们不会写得这样详细；但要明白，所有常见的代数运算实际上都是通过运用结合律、交换律及分配律来完成的。

对于$(a-b)^2$，用符号c标记因式$a-b$即可得到（3）式的姊妹等式：

$$(a-b)^2=c(a-b)=ac-bc=a(a-b)-b(a-b)$$
$$=a^2-ab-ba+b^2$$

因此，我们有

$$(a-b)^2=a^2-2ab+b^2。$$

我们不要忘记这些展开中存在的交叉项，即$\pm 2ab$（$+2ab$或$-2ab$）。相比之下，我们展开$(a-b)(a+b)$时，交叉项的符号相反，从而相互抵消了。这就产生了关于平方差的一个重要算式： 16

$$a^2-b^2=(a-b)(a+b)。$$

这正是分配律在这个方向上的运用，于此我们将平方和或平方差用乘积来表示，这尤为重要。贯穿整个数学领域，我们无论是在处理数还是代数表达式，求解因式都会特别有用。可被发现的因式分解等式的数量及形式是无穷的。每一个等式都可以按常规用代数法则来验证，但先前发现它们并不是这样一个机械的过程。作为另一示例，我们列出立方和与立方差公式如下：

$a^3+b^3=(a+b)(a^2-ab+b^2)$；　$a^3-b^3=(a-b)(a^2+ab+b^2)$。

运用这些思路的一个不错的问题是这样的：一个周长为28的矩形内接于半径为6的圆中，那么它的面积是多少？

首先，将矩形未知的边记为a和b（如图2）。周长的信息由等式$2a+2b=28$得出，即$a+b=14$。圆的直径是$2\times6=12$，于是由毕达哥拉斯定理我们便有$a^2+b^2=12^2$。

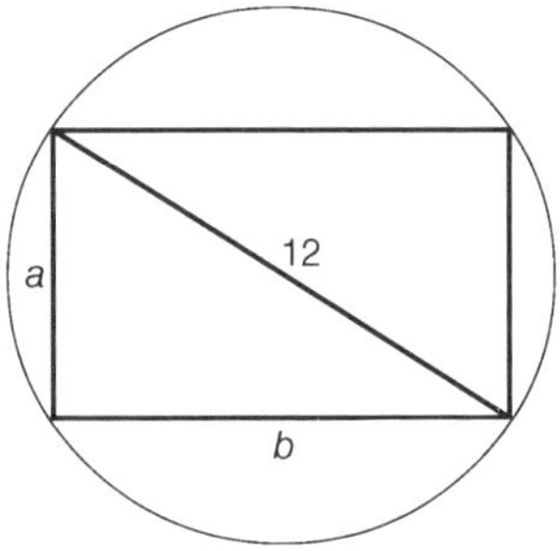

17　图2　内接矩形的面积＝？

求出a和b，现在是有可能的，但并不是必要的。我们的视线应该关注重要的事情——问题是求出矩形的面积，即乘积ab，而这可以用刚刚导出的等式立即求得：

$$(a+b)^2=a^2+b^2+2ab,\quad \text{尤其是 } 14^2=12^2+2ab;$$

所以，$ab=\frac{1}{2}(14^2-12^2)=\frac{1}{2}(14-12)(14+12)=\frac{1}{2}\cdot2\cdot26=26$。

幂、幂次，与二项式定理

由于我们开始关注幂运算，所以这是一个合适的契机，来解释它们一般是怎么运算的。幂中诸如a^5这样的上标称为幂次。

幂次的第一条法则是$a^m \times a^n = a^{m+n}$。这仅仅是一个计数式的表达，因为上标m和n就是乘积中各项对应的幂次。于是，例如，

$$a^2 \times a^3 = (a \times a) \times (a \times a \times a) = a^{2+3} = a^5。$$

我们以差不多的方式就可以弄明白第二条幂次法则，其表达式为$a^n/a^m = a^{n-m}$，消去通项便可得到：例如，

$$\frac{a^5}{a^2} = \frac{a \times a \times a \times a \times a}{a \times a} = a^{5-2} = a^3。$$

最后，第三条幂次法则$(a^m)^n = a^{mn}$仍然是另一则计数式的表达：例如，

$$(a^2)^3 = (a \times a) \times (a \times a) \times (a \times a) = a^{2 \times 3} = a^6。$$

这些法则向我们展示了定义负次幂及分式幂的方式，定义完成后，这三条法则会继续得以遵循，这是数学中进行一般化的标准途径。例如，对于任意正数a，我们用$a^{1/2}$表示$\sqrt{a}$，接着有

$$a^{1/2} \times a^{1/2} = \sqrt{a} \times \sqrt{a} = a = a^1 = a^{1/2+1/2},$$ 18

这与第一条法则相符。更一般地，将$a^{1/n}$定义为a的n次根。我们用a^{-1}表示$1/a$，这与第二条法则一致，就像如下的情况，诸如

$$\frac{a}{a^2} = \frac{1}{a},$$

因为此处将幂次相减就得到$1-2=-1$。第二条法则还要求我们把a^0定义为1，以便满足像$a^2/a^2=1$这样的除法运算，因为在此情况下幂次相减得出了$2-2=0$。

将幂作为特定的底，这样的逆运算被称为取该底的对数。每条幂次法则在此逆运算中都有一个对应的镜像，使得积与商的对数分别等于对数的和与差。由于加法比乘法更容易，所以对数成为自17世纪直至登陆月球时代复杂计算的基础。

有个一般的表达式来描述（$x+y$）^{n}的展开，称为二项式定理。为了求出展开中的所有项，我们需要对每个括号中单项（无论是x还是y）相乘的结果求和。因为有n个括号而每个括号中都有两项，所以总共有2^n项。不过，只有$n+1$个不重复的项：如果从括号中选出变量x有k种可能，这里的k可以是0到n中的任何数，那么选出y必定有$n-k$种可能，从而得出一项x^ky^{n-k}。对于每次从（$x+y$）这个和式的幂次序列n中选出的k，我们会得到一项x^ky^{n-k}。从含n个对象的集合中选出k个对象组成一个集合，表示这种选取方式的数被称为二项式系数；而这个数出现得如此频繁，以至于有了自己的符号：$\binom{n}{k}$。我们很快会根据n和k来求$\binom{n}{k}$的值，但无论如何，对于（$x+y$）^{n}我们都有如下形式的展开式：

19 $$(x+y)^n=\binom{n}{0}x^0y^n+\binom{n}{1}xy^{n-1}+\cdots+\binom{n}{k}x^ky^{n-k}+\cdots+\binom{n}{n}x^ny^0。$$

我们可以用求和符号来更简洁地表达这个式子：符号$\sum$表明，其后的式子应在希腊大写字母Σ上下所示的k的全值范围内求和：

$$(x+y)^n=\sum_{k=0}^{n}\binom{n}{k}x^ky^{n-k}。\qquad (4)$$

有一种对称性，时常有助于确定二项式系数：我们每当从一个n元集合[1]中选出一个k元集合，就同时选择了一个（$n-k$）元集合，即我们选定k元初始集合时的补集，它由原n元集合剩下的（$n-k$）个元素组成。因此，我们总是有

$$\binom{n}{k}=\binom{n}{n-k}。$$

现在，不难看出$\binom{n}{0}=\binom{n}{n}=1$，以及$\binom{n}{1}=\binom{n}{n-1}=n$。将此性质应用于$n=3$，即得出

$$(x+y)^3=x^3+3x^2y+3xy^2+y^3,$$

注意到有六对可以从集合$\{1, 2, 3, 4\}$中选出，即$\binom{4}{2}=6$，于是我们便有

$$(x+y)^4=x^4+4x^3y+6x^2y^2+4xy^3+y^4。$$

然而，我们需要知道如何计算一般的二项式系数。答案涉及通常所说的阶乘符号：我们把$k!$（念作"k的阶乘"）定义为$k(k-1)(k-2)\cdots 2$这样的乘积，所以，例如$6!=6\times5\times4\times3\times2=720$。我们前述问题的答案就是

$$\binom{n}{k}=\frac{n!}{k!\ (n-k)!}, \tag{5}$$

但是，我们需要遵循惯例而设$0!=1$，以便（5）式在所有情况下给出正确的结果。（这类似于我们如何定义$a^0=1$，从而使幂次法

① 所谓"n元集合"，是指一个由n个元素或对象组成的集合。

20 则尽可能地普遍适用。）为了看一看（5）式是正确的，我们首先要求数 $P(n, k)$ 是长度为 k 的数串，它由数 1，2，…，n 中的 k 个数（不允许重复）组成。我们可以用 n 种方式选出第一个数；对于每一次这样的选择，仍有 $n-1$ 种方式供我们选择第二个数，有 $n-2$ 种方式来选出第三个数，依此类推，有 $n-k+1$ 方式选择第 k 个数。（注意，乘积中的第一项是 n，而不是 $n-1$，因此最后一项是 $n-k+1$，而不是 $n-k$。）这就给出了一个分式表达：

$$P(n, k)=n(n-1)\cdots(n-k+1)=\frac{n!}{(n-k)!},$$

这里通过消去同类项便得到第二个等式。最后，每次选出含 k 个对象的集合，有 $\binom{n}{k}$ 种方式，都会得到 $k!$ 种长度为 k 的不同数串：例如，有 $4!=24$ 种方式在一行中排列 a 至 d 四个字符。这样，我们就得到（5）式，因为

$$\binom{n}{k}\times k!=P(n, k),\text{于是}\binom{n}{k}=\frac{P(n, k)}{k!}=\frac{n!}{k!\,(n-k)!}。$$

例如：

$$\binom{7}{4}=\frac{7!}{4!\,3!}=\frac{7\cdot 6\cdot 5}{3\cdot 2}=7\cdot 5=35。$$

二项式系数总是出现在枚举问题中，并且满足许多等式，使它们非常便于运算。通过对二项式中 x 和 y 这两项取特殊值，可以揭示有趣的事实。举个例子，令（4）式二项式定理中 $x=y=1$，便有

$$(1+1)^n=2^n=\sum_{k=0}^{n}\binom{n}{k}。\tag{6}$$

这有如下解释。原则上，我们可以来计数一个n元集合所有可能的子集，也就是把所有含k个对象的子集数目，从最小值$k=0$（空集）到最大值$k=n$（全集）进行相加，得出的和当然正是（6）式右边那项；所以，换句话说，一个n元集合的所有子集总数等于2^n。 21

支配算术的法则

我们以一些主要涉及乘法的观察结束本章。其逆运算即除法有一个性质，我们需要警惕。我们已经证明$a\times 0=0$总是正确的，由此得出0没有乘法逆元，也就是说，不存在数a使得$a\times 0=1$。这就是为什么我们的老师让我们记住“你不能用0当除数”这件事，因为1/0这个数不存在。

在代数的实际应用中，这相当于一个真正的陷阱。正如我们已经提到的那样，代数的力量源于以一种合理的方式对符号进行运算，而无论符号替换了什么数。然而，我们用某个代数表达式作除数时，必须确保该表达式不为0，因为假如那样就毫无意义。我们在与代数打交道的整个过程中需要注意这一点，但另一方面，消去的分母是数学中许多奇妙部分的源头。不过，除0就不是问题：对于任意数$a\neq 0$，我们有$0/a=0\times(1/a)=0$。

我们之前已经证明了任何数乘以0仍得0，现在可以用类似的方式证明$(-1)\times(-1)=1$。为了证明这个蹊跷的事实，我们用分配律来做如下讨论：

$$0=(-1)\times 0=(-1)\times(1+(-1))=(-1)\times 1+(-1)\times(-1),$$

从而有

$$0=(-1)+(-1)\times(-1)。$$

在等式两边的左侧同时加1，即得到预期的结果：

22

$$1=(-1)\times(-1)。$$

不过，我们应该注意到，在执行最后一步时，我们对$(1+(-1))$运用了加法的结合性，使得右边变为$0+(-1)\times(-1)=(-1)\times(-1)$。这番讨论证明了，1是我们可以赋给$(-1)\times(-1)$而与代数法则保持一致的唯一值。

如果一个数x的作用像数a的相反数那样，那么它就是其相反数$-a$。为了弄清楚这一点，假设$a+x=0$；接着在等式两边同时加上$(-a)$，并应用结合性将等式左边的前两项用括号括起来，便得到

$$((-a)+a)+x=(-a)+0$$
$$\Rightarrow 0+x=-a,$$
$$\Rightarrow x=-a,$$

这里的符号“⇒”读作“蕴含”：总的说来，“$A\Rightarrow B$”意味着，假如命题A为真，那么命题B也为真。

西方民谚说：假如某物看起来像只鸭子并且叫起来呱呱得也像只鸭子，那么它就是只鸭子。此处我们看到，这则谚语在数学上的对应体现。因为数x像a的相反数那样运算，所以它必定

就是 $-a$。这一事实往往被表述为 a 的逆元 $-a$ 是唯一的，意即除了 $-a$ 以外，没有其他数与 a 相加后可得出加法恒等元0。同样，$1/a$ 是唯一能与 a 相乘后得出乘法恒等元1的那个数。建议读者可以通过类似的讨论来说明，若 $a+b=a$，则 $b=0$；而对于非零的 a，若 $ab=a$，则 $b=1$；因此整数的加法及乘法恒等元是唯一的。

有了 $a\times 0=0$ 这一事实，我们现在可以通过将等式左边展开为 $a(b+(-b))$，看出 $ab+a(-b)=0$；于是，由加法逆元的唯一性，我们推出 $a(-b)=-(ab)$。特别是，由此得出，正数与负数的乘积为负。从这一点出发，我们可以推导出两个负数的 23
乘积是正的，这是我们在展开 $(a-b)^2$ 时默认的一个事实：两个任意的负数可以写作 $-a$ 和 $-b$，其中 a 和 b 是正数。利用乘法的交换性，我们现在有：

$$
\begin{aligned}
(-a)\times(-b) &= (a\times(-1))\times(b\times(-1)) \\
&= (a\times b)\times(-1)\times(-1)=a\times b。
\end{aligned}
$$

乘法下的整数的特性很可能是大家都熟悉的。不过，我们在本节中所做的是要展示，这些法则都是结合律、交换律及分配律，连同各自作为整数加法及乘法恒等元的0与1的定义属性在代数应用上的结果。 24

第三章

线性方程与不等式

本章中，我们来描述如何求解较为简单的方程式类型，即含一个未知数的线性方程，以及含两个或多个未知数的线性方程组。我们也要介绍对不等式的处理，而本章会以一个求解未知量数值的示例结束，这些未知量满足特定的方程而被限制在某些范围内。

一元一次方程

吉尔伯特与沙利文笔下的角色①，也就是那位少将夸口唱道，他能求解简单方程及二次方程。他歌中“简单”一词所指的是形如$ax + b = c$的方程，其中，a、b和c是给定的数，而x则是要求的未知数。当然，假设x的系数a不为零，是少不了的。任何

① 吉尔伯特（Gilbert，1836—1911）与沙利文（Sullivan，1842—1900）是英国维多利亚时代著名的戏剧创作搭档。因此，英语、德语等西文中往往将二人并称。吉氏为剧作家，沙氏是作曲家，长年合作中共创作了十四部轻喜剧。此处的将军是“少将之歌”中的主人公。这首歌欢快、诙谐，出自《彭赞斯的海盗》。该剧作于1879年，是他们最著名的作品之一。

一元一次方程都可以分两步求解。我们让等式左边仅有含x的项，即先从等式两边减去b，之后同除以a，这样就得到

$$ax = c - b,$$

于是有

$$x = \frac{c-b}{a}。$$ 25

这就提供了一个求解任何一元一次方程的公式。不过，没有必要依赖这个公式，因为我们在任何特定情况下都可以按这些步骤进行运算。例如，对于等式$3x + 7 = 34$，先求得$3x = 34 - 7 = 27$，接着便有$x = 27/3 = 9$。

我们求解方程的方法，含有某种基本思想的种子。我们如果面对任意一个一元方程，其未知数比如x且只出现一次，那么可以让x成为方程通过移项所得表达式的独立项来求解。

但我们该怎么做呢？我们首先弄清将x引入方程的过程：一步接一步，我们把各个运算倒过来，即以倒序处理。

我们最好用一个例子来说明这种常规的过程。既然这样，不妨用x代表某个数，这个数也是一部电影的名字。我有了x，先减去4，再将结果乘以2，然后加12，最后把整个运算的结果再除以3，得到的最终结果是7这个数。那么电影的名字是什么呢？

从x这个符号开始，运算顺序如下：

$$x \to x-4 \to 2(x-4) \to 2(x-4)+12 \to \frac{2(x-4)+12}{3} = 7。\quad (7)$$

为了从（7）式所示的方程中求出x，我们把每一步运算倒过来，即以倒序来处理。有正确的顺序极为重要——你穿上袜子和鞋子后，重要的是先脱下鞋子，然后再脱袜子。要始终记住“后上先下”这一原则。该倒序过程于此产生了一系列运算，我们可以象征性地将其表示为：

$$\times 3 \rightarrow -12 \rightarrow \div 2 \rightarrow +4$$

我们依次在方程两边进行这四步逆向运算，从而得到一系
26 列越来越简单的表达式：

$$2(x-4)+12=3\times 7=21$$

$$\Rightarrow 2(x-4)=21-12=9$$

$$\Rightarrow x-4=\frac{9}{2},$$

于是有

$$x=\frac{9}{2}+4=\frac{9+8}{2}=\frac{17}{2};$$

也就是费里尼的电影《$8\frac{1}{2}$》。

（7）式仍是一个简单方程，或者如其更多时候被称作的那样，是一个线性方程。一个线性方程，就是可以表示成$ax+b=c$这种形式的方程；而（7）式便可转写成这样的形式，因为从$2(x-4)=9$这一步开始，我们可以用分配律将括号展开，从而得到$2x-8=9$；而这是个等价方程，也就是说它由原方程得出，且与原方程有相同的结果。之所以使用“线性”这个术语，是源于

一个一般的事实，即满足式$y = ax + b$的所有点（x，y）构成的图像是一条直线（如图3）：这条线与y轴交于点（0，b），且有斜率a，这意味着沿x轴正向每移动一个单位，我们就要沿y轴向上移动a个单位。

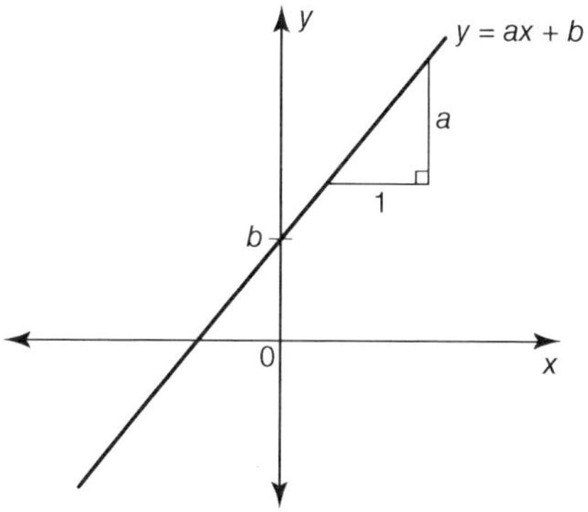

图3　典型线性方程$y = ax + b$的图像

然而，或许会出现方程中不止一个位置有未知数x；尽管如此，也有可能就运用代数法则而将方程化简到标准的线性形式。一个更复杂的例子，让我们来看下式：

$$\frac{x+38}{4-x} = 2。$$

等号左边是作用于x这单一未知数之上一系列运算的结果，我们没法直接处理这种纠缠在一起的式子。不过，两边同乘以分母（$4-x$）就实现了第一步化简；这样，左边就直接变成了（$x+38$），而我们把右边括号展开相乘后便得到下式：

$$x + 38 = 2(4-x) = 8-2x。$$

接下来，我们在算式两边加上$2x$，以便得到仅一单项包含x。由此得出：

$$3x+38=8$$

$$\Rightarrow 3x=8-38=-30$$

$$\Rightarrow \quad x=\frac{-30}{3}=-10。$$

联立方程

摄氏度与华氏度在什么温度时一致？也就是说，什么时候这两种度量会同时给出一样的数值？要回答这个问题，我们需要了解这两种度量是如何校准的。摄氏度是把水结冰时所处的温度设为0度，而100度则对应（海平面高度处）水的沸点。这两个温度在华氏度则分别标在32度及212度。我们如果用y表示华氏度，用x代表摄氏度的数值，那么二者之间的关系便由$y=ax+32$这样一个方程表示，并且当$x=0$时，$y=32$。为求得斜率a的值，我们注意到华氏上升（212−32）度就相当于摄氏上
28 升（100−0）度，所以有

$$a=\frac{212-32}{100-0}=\frac{180}{100}=\frac{9}{5}。$$

例如，倘若全球变暖导致大气温度升高2摄氏度，那么就相当于上升3.6华氏度。不过，按华氏读取的数值（y）是按线性方程 $y=\frac{9}{5}x+32$ 来与摄氏读数（x）相对应的，因此2摄氏度的气温相当于$3.6+32=35.6$华氏度。重要的是，讨论这类话题时，

不要把温度变化与刻度读数相混淆！

回到我们的问题，我们同时需要$y = x$，因此我们需要找到表示这两个方程的直线相交的点（如图4）。把$y = x$代进我们的转换方程是很自然的，接着解出：

$$x = \frac{9}{5}x + 32 \Rightarrow 0 = \frac{4}{5}x + 32 \Rightarrow \frac{4}{5}x = -32\text{；}$$

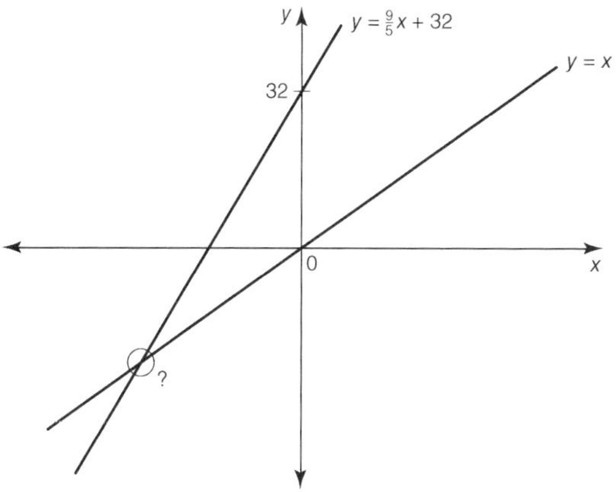

图4　摄氏度与华氏度

两边同乘以倒数$\frac{5}{4}$，我们就求得

$$x = -32 \times \frac{5}{4} = -8 \times 5 = -40\text{。}$$

因此，−40度是摄氏度与华氏度相互吻合的唯一值。这是个示例，其问题涉及下面两个联立线性方程的解，即：

$$y = \frac{9}{5}x + 32 \quad \text{和}\ y = x\text{。}$$

在几何上，两个方程表示两条直线，而问题是要找到这两条线的交点。沿xy坐标平面（通常被称作“笛卡尔坐标系”）中特定线分布的点，是满足形如$ax + by = c$这样的方程的那些点(x, y)，其中a、b及c是固定的数，它们取决于并确定了讨论中的直线。或者，我们如果想突出y，可以对这个方程进行重排，从而得到方程以斜率–截距来呈现的替代形式：

$$by = c - ax,$$

于是有

$$y = -\frac{a}{b}x + \frac{c}{b}。$$

因此，我们转到如下的一般问题，即求解一般线性方程所示两条线的交点。下一道问题尽管只是个示例，但完全可以代表一般情况，这意味着我们求解的方式可以应用于这一类型的任意或所有问题。我们有如下两个方程：

$$-2x + 5y = 34$$

$$3x + 4y = -5$$

我们在第一个示例中把$y = x$作为第二个方程，这就允许我们立即用x替换y。我们可以再次用这种方法，使其中一个方程
30 的左边仅保留y（或x），从而相应地代入到另一个方程中。不过，另一个求解方式是基于这样的思路：假如其中一个变量的系数是相反或相等的，那么我们可以通过对方程进行相加或相减运算来消去其中一个变量。此例并不直接属于这种情况；但我

们通过将第一个方程乘以3而把第二个方程乘以2，就可以得到体现此思路的一个等价方程组。这样一来，我们发现可以把两个方程相加来消去x：

$$-6x+15y=102,$$
$$6x+8y=-10,$$
$$23y=92\Rightarrow y=\frac{92}{23}=4。$$

现在，我们把$y=4$代入第一个方程，便有$5\times4-2x=34$，于是$-2x=34-20=14$，由此$x=\frac{14}{-2}=-7$，所以，我们方程组的解是$x=-7$，$y=4$。

这种消元法（将原方程倍乘后相加或相减）通常是一种更快的求解方程组的方法，因为比起换元法，它让我们能用更少的步骤来消去一个变量。本章最后一节中，我们会举一个含两个以上未知数的示例。

换元法是先分离出一个变量，接着进行相应的替换，从而消去那个变量。消元的价值是，你单单处理系数就完成了同一件事。我们要在第七章介绍的矩阵，就是将这一运算过程进行抽象处理的工具。 31

不等式

本节，我们来介绍不等号的使用与运算。未知数的相关信息可以以等式的形式出现，比如你要愿意的话以方程的形式；或者也可以作为某种约束出现，即可采用诸如$2x-1\leqslant5$这种不等式的形式。符号“ < ”与“≤”分别表示“小于”及“小于等

于”，而符号“>”与“≥”当然就分别表示“大于”及“大于等于”。这些符号中的每一个，都指向其所在的任何命题中较小的那个量。当然，相等关系的直接否定，如$a \neq b$，就是一个不等关系。不过，在数学中最有用的不等关系类型是偏向型的不等式[①]，因为它们往往代表了我们所关注之量的上限或下限，并且连同一些接下来要解释的重要警示，可以按类似于等式的方式来运算。

我们在同正数打交道时可能熟悉诸如$a > b$这种不等式的意思，不过我们需要解释其对于任意数（无论是正、是负还是零）的含义。我们通常说$a > b$意味着$a - b$是个正数，这同我们对于正数的经验一致。这个定义以你可能认为是理所当然的方式来排列数轴：如果b在数轴上位于a的左侧，那么$b < a$；所以，例如$-3 < 2$，$-8 < -\frac{1}{2}$，以及$-1 < 0 < 1$都是真命题。

回到不等式$2x - 1 \leqslant 5$，我们可以用处理等号时一样的方式让不等式的左边仅有含x的项：此例中，我们在两边先加1，再除以2，从而将原式化简为$x \leqslant 3$。

然而，有一个重要的复杂问题会在处理不等式时出现，它是
32 麻烦及频繁出错的根源。取一个不等式，比如$2 < 3$，两边同乘以一个负数，不妨取-6。左右两边分别得-12和-18，而$-12 > -18$。于是我们有了另一个法则：不等式乘以（或除以）负数时方向反转[②]。例如，让我们化简$4 - 3x \leqslant 13$。从两边减去4，接着除以-3，便有

① 即用“大于”“小于”或“大于等于”“小于等于”符号来表示的不等式。

② 即通常所说的不等式“变号”。

$$4-3x\leqslant 13 \Rightarrow -3x\leqslant 9 \Rightarrow x\geqslant -3。$$

这条法则是我们的定义带来的结果。例如，假设$a<b$，并且令$c<0$。接下来，$a<b$意味着$b-a$为正，所以$c(b-a)$为负；这就是说$cb-ca$为负，因此其相反数$ca-cb$为正；这告诉我们$cb<ca$。总之，如果$a<b$而$c<0$，那么$ca>cb$，不等式确实转向了。

看起来，我们在解决了这一问题之后，可以自信地继续进行代数运算了。然而，我们在处理不等式时，或许希望将左右两边同乘以一个未知数，比方说x，但不等式由此所致的方向却取决于x的符号。出现这类情况时，我们要有耐心并分别考察出现的种种情况。不过，我们有时可能会避免乘以符号未知的项，以免将问题拆分为不相关的情况。

例如，假设我们希望知道如下不等式对x的取值：

$$\frac{x-1}{x+2}<-8。$$

如果我们现在乘以$(x+2)$，那么不等式在$x<-2$时会变号，而在$x>-2$时则不会。让我们换个方式，即在不等式两边加8，接着将左边各项通分：

$$\frac{x-1}{x+2}+8<0,$$

于是有

$$\frac{(x-1)+8(x+2)}{x+2}=\frac{9x+15}{x+2}<0。$$

分子中出现了公因数3，我们把它提取出来，不要忘了$\frac{0}{3}=0$，这样，我们可以把3消去而得到

$$\frac{3(3x+5)}{x+2}<0 \Leftrightarrow \frac{3x+5}{x+2}<0。\tag{8}$$

如我们（8）式中那样的分式，在分子与分母符号不同时的确会是负的。符号转向可能出现在讨论中取0值那一项所对应的点上；很明显，对于$x+2$是在$x=-2$这一点，而对于$3x+5$，则是在$x=-\frac{5}{3}$这一点。在数轴上留意每一项的符号变化趋势，是有帮助的。

我们从图5看到，分子与分母除了-2至$-\frac{5}{3}$的区间外都是同号的；在此区间内，$x+2>0$而$3x+5<0$，因此接下来不等式成立的取值范围是：$-2<x<-\frac{5}{3}$。

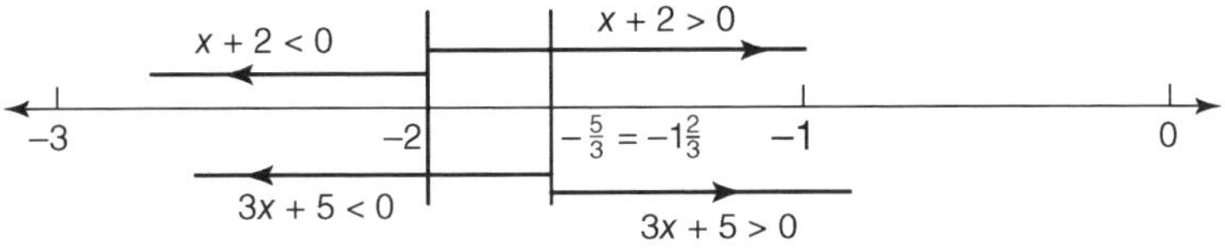

34　图5　算式$x+2$及$3x+5$的符号走向

不等式的运用遍布所有数学领域，通常是依据较为简单的函数来求解复杂函数的边界范围。许多有用的不等式都源于一个简单的观察，即一个数的平方永远不会是负的。这是从两个同号数的乘积为正这个事实得来的。对此，我们会给出一个示例；但首先要就平方根来说几句。

对于任意正数a，借助其平方根，我们说有唯一的正数b，

使得$b^2=a$。这记作$b=\sqrt{a}$，例如$\sqrt{25}=5$。当然，$(-5)^2=25$也是这种情况；所以，每个正数确实有两个平方根，即$\pm\sqrt{a}$，尽管我们若提及平方根时默认是指正的那一个。平方根一个有用的性质是积的平方根等于平方根的乘积；同样，商的平方根等于平方根的商：

$$\sqrt{ab}=\sqrt{a}\cdot\sqrt{b},\qquad \sqrt{\frac{b}{a}}=\frac{\sqrt{b}}{\sqrt{a}}。$$

以上为真，是源于交换律及下述事实，即两个正数相等，当且仅当其平方相等。那么，要验证第一个公式，我们只需要验算两边的平方相等：现在借助平方根恰当的定义，我们有$\sqrt{ab}^2=ab$，即

$$(\sqrt{a}\cdot\sqrt{b})^2=\sqrt{a}\cdot\sqrt{b}\cdot\sqrt{a}\cdot\sqrt{b}=\sqrt{a}\cdot\sqrt{a}\cdot\sqrt{b}\cdot\sqrt{b}=ab,$$

对于商也有类似的推导。这些法则通常用于化简不是完全平方数的平方根。例如：

$$\sqrt{98}=\sqrt{49\times2}-\sqrt{49}\cdot\sqrt{2}=7\sqrt{2}。$$

由于根号暗示其运算结果为非负根，因此假如我们以一负数x开始，那么$\sqrt{x^2}$并不是x而是$-x$，例如：$\sqrt{(-8)^2}=\sqrt{64}=8=-(-8)$。函数$\sqrt{x^2}$有个特殊的名称，它被称作“绝对值函数”，并且有自己的记号，即$|x|$。对于$|x|$，另一种考察方式是将其看作数轴上从0到x的距离。我们处理复数（将在第五章中介绍）时就很好地推广了这样一种阐释。当然，$|x|$总是正值，除非当$x=0$时，因为$|0|=0$。

差不多每个人都不喜欢绝对值函数，因为一方面它看起来简单到几乎不值一提，而另一方面代数上它又会引起运算错误。
35 就像平方根那样，它不是线性运算，意思是说就像$\sqrt{a+b}=\sqrt{a}+\sqrt{b}$通常都不为真一样，$|a+b|=|a|+|b|$也不为真（例如，若$a=1$而$b=-1$，那么左边为0但右边等于2）。

然而，通过考察实例而易于验证的一个法则是$|ab|=|a|\cdot|b|$；因此，比如，我们可以在任何运算中将$|-2x|$替换成$|-2|\cdot|x|=2|x|$。实践中，你得有耐心，并将一个涉及绝对值的运算分为不同情况来考察，即绝对值记号间的对象在哪个区间为负而在哪个区间不为负。不过，值得注意的是，诸如$|x|\leqslant 3$这样的算式等价于$-3\leqslant x\leqslant 3$，而后者更适合代数运算。例如，让我们来化简$|2x-1|<5$：

$$-5<2x-1<5 \iff -4<2x<6 \iff -2<x<3$$

我们回到对以平方为基础的不等式的探索，来介绍两个数a和b的算术平均数m，这就是通常所指的两个数的平均值：$m=(a+b)/2$。假如我们把a和b限定为非负数，那么其几何平均数g即定义为$g=\sqrt{ab}$。这相当于，边长为g的正方形，与边长分别为a和b的矩形有相同的面积。

例如，若$a=4$及$b=9$，那么$m=(4+9)/2=13/2=6\frac{1}{2}$，而$g=\sqrt{4\times 9}=\sqrt{36}=6$。你如果试着做一些自己的题例，会发现算术平均数永远不会小于几何平均数。其原因如下：

$$0\leqslant(\sqrt{a}-\sqrt{b})^2=a-2\sqrt{a}\sqrt{b}+b$$
$$\Rightarrow 2\sqrt{a}\sqrt{b}\leqslant a+b \Rightarrow \sqrt{ab}\leqslant\frac{a+b}{2},$$

由此可见$g \leqslant m$。而且，除$a = b$的情况外，原不等式是一个严格的不等式；当$a = b$时，两个平均数的值都等于a。其他情况下，算术平均数总大于几何平均数。 36

林肯展会问题

作为一个将不等式与联立方程的概念整合在一起的示例，我们用下述问题来结束本章。该问题可以追溯到16世纪，假如不会更早的话。二十个人支付20便士去参观林肯展会。如果每位男士支付3便士，每位女士支付2便士，而每个孩子支付半便士，那么有多少位男士、女士及孩子前往展会呢？

我们可以用已知信息来列两个各含三个未知数的方程，第一个方程计算人数，而第二个方程计算支付的便士：

$$
\begin{aligned}
M + W + C &= 20, \\
3M + 2W + \frac{1}{2}C &= 20。
\end{aligned}
\tag{9}
$$

未知数的个数多于方程的，通常意味着，你没有足够的信息来解题，或者更准确地说，有不止一个解或解不唯一。正如我们已经提到的那样，方程$ax + by = c$表示xy平面中的一条线；而类似的，形如$ax + by + cz = d$的方程表示x，y，z三维坐标中的一个平面。这样的两个平面通常相交于一条直线；于是，这条线上无数点中的任意一点会有坐标（x，y，z），其同时满足对应于两个平面的每一个方程。

我们直面疑问，来看看消元法可以让我们在这个难题中走多远。将第一个方程乘以3，然后减去第二个方程，至少会消去

与男士相关的项，从而得出

$$W+\frac{5}{2}C=40 \Rightarrow W=40-\frac{5}{2}C。 \qquad (10)$$

接下来，我们也可以借助第一个方程用C来表示M：

37

$$M=20-W-C=20-\left(40-\frac{5}{2}C\right)-C；$$

我们在展开最后一步算式中的括号时，务必记住，是减去括号中的每一项（而不仅仅是第一项）；那么减去 $-\frac{5}{2}C$ 这一项后自然得出 $+\frac{5}{2}C$。我们继续并重排各项的顺序，就推出

$$M=\frac{5}{2}C-C+20-40=\frac{3}{2}C-20。 \qquad (11)$$

我们已经设法用C来表示M和W。我们假如仅掌握（9）式那一组方程，就没法再往下走了：对于C，我们可以取任意数值，并借助（10）式及（11）式来确定W和M的值，得出的三元组（C，W，M）便是（9）式的一个解；而更进一步，（9）式的每个解都会以这种方式出现。不过，我们的确知道更多，尽管额外信息不是由我们（9）式的联立方程提供，而是以不等式的形式出现。

人不可能以分数或负数形式出现；因此，假设三个群体至少各有一人，那么我们就得到三个不等式C，W，$M \geqslant 1$。还有更微妙的另一点，通过考察（9）式中的第二个方程可以揭示出来：为了使等式左边相加而得到整数20，孩子的人数必须是偶数。因

此，比方说，我们可以记作$C = 2A$，而这里的A本身就是一个正整数。利用这个算式并结合（10）式与（11）式，就能让我们把含W的不等式写作如下形式：

$$W = 40 - 5A \geqslant 1,$$

于是有

$$40 \geqslant 1 + 5A \;\Rightarrow\; 5A \leqslant 39,$$

并由此得出

$$A \leqslant \frac{39}{5} = 7\,\frac{4}{5}。$$

所以$A \leqslant 7$，因为A是个整数；同理，$M = 3A - 20 \geqslant 1 \Rightarrow 3A \geqslant 21$，于是$A \geqslant 7$。

这样，我们同时有$A \leqslant 7$及$A \geqslant 7$，所以$A = 7$，由此$C = 2A = 14$。有$C = 14$个孩子，于是$M = 3A - 20 = 21 - 20 = 1$，而$W = 40 - 5A = 40 - 35 = 5$。

综上，有1位男士、5位女士及14个孩子去了林肯展会。 38

任何方程组无论在什么情况下求解，我们都可以通过替换来验证答案：此例中，将$C = 14$，$W = 5$及$M = 1$代入（9）式的各个方程，表明我们的解确实正确。正如我们的推理所证明的那样，这是林肯展会问题的独特解答，只要我们假设至少有一位男士、一位女士及一个孩子。不过，某些未知数可以允许取0值，而不会将问题简化得完全无意义。这样会把约束条件削弱为C，W，$M \geqslant 0$。你若重新解题，会发现第二个值即$A = 8$接下来也是可能的。代入$A = 8$，得出第二个解：$(C, W, M) = (16, 0, 4)$，即有16个孩子，没有女士，并有4位男士，严格来说仍然正确。

数学有一个完整的领域，被称作线性优化，其致力于求解庞大且受解的值所约束的线性方程系统。我们提到的林肯展会问题，便是历史上这类问题的简单实例。这一领域的数学构建了现代社会大部分物流的基础，管控着诸如铁路与航班时刻表之类的运营，同时允许企业通过运营库存来满足客户需求，而存储在仓库中的存货要比过去年月所需的少很多，这意味着持续节约了巨大的成本。代数上关于消元及满足约束条件的概念，是所有这一切的基础。若没有这些概念在幕后无声而又准确无误
39 地为每一个体进行运算，当代社会便无法运转。

第四章

二次方程

二次方程是含有一个二次项的方程；当各项都移到等号左边时，其表达式为$ax^2 + bx + c = 0$。二次方程与数学本身一样古老，比如四千多年前的古巴比伦泥板上就载有题例。更重要的是，尽管缺乏现代符号，但古代那些数学家似乎很清楚解题时所涉及的原理。二次方程居于数学的中心位置，而各种二次逼近在描述方向时刻都在改变的过程中非常有用。

求解二次方程的方法，通常分三步讲授。首先观察简单的示例，并试着把二次方程分解为两个线性因式，这就让你接着能写下两个答案（因为通常会有两个解）。如果你不介意的话，这看起来像是在猜谜、在试错，因而并不令人满意。接下来，引入一个被称为“配方”的数学工具，它使求解任意特定二次方程成为可能。这是前人的一般方法，虽然关键步骤起初看起来有点不自然。最后，将“配方”应用于一般算式，从而导出著名的二次方程公式，它使我们能在关联算式中插入三个系数，然后给出 40
题解。该公式通常是学生所遇到的第一个精巧的代数表达式。

这一公式可用来求解各种二次方程；尽管如此，解方程的方法之外还有很多其他的内容可以学习，接着我们就来讲解一下。

因式分解与方程配方

让我们从$x^2-5x+6=0$这个等式开始。思路是找到该算式的某种因式分解，比如$x^2-5x+6=(x-r)(x-s)$，这样一来，方程的两个解就是r和s这两个数，它们称为方程的根。这就是为什么当我们把$x=r$代入这个因式分解的算式，就会得出$(r-r)(r-s)=0(r-s)=0$；同理，把$x=s$代入这个乘积算式也会给出0这个我们所希望的结果；除r与s以外，便没有别的数能使等式成立了。但我们要如何求解r和s呢？

接下来这一步反映了一个重要的思路。我们把算式$(x-r)(x-s)$展开，使其与原二次方程的形式相同，然后选取r和s来匹配相应的系数。现在得出

$$(x-r)(x-s)=x^2-rx-sx+rs=x^2-(r+s)x+rs。$$

我们将两个算式并立，可得

$$x^2-5x+6=x^2-(r+s)x+rs,$$

因此，我们需要求出r和s，使得$r+s=5$而$rs=6$。稍加思索就会得出答案，即$r=2$而$s=3$，也就是说$x^2-5x+6=(x-2)(x-3)$。所以，我们原方程的解是$x=2$及$x=3$。这是对的，即把2或3这两个数代入x^2-5x+6确实给出了0这个结果。

这里的思路，是利用二次方程x^2+bx+c这个表达式，并将
41 其写成$(x-r)(x-s)$这样的形式。接着把后一个表达式展开并

与相应系数进行匹配，给出一组含r和s这两个未知数的联立方程；其中一个，即$r+s=-b$是线性的，而另一个，即$rs=c$则不是。我们可以试着将$s=-r-b$代入第二个方程式$rs=c$来求解这些方程，但这会使我们回到原二次方程，所以这种方法有严重的缺陷。

显然，我们需要一种更好的方法；不过在开始之前，值得一提的是，这个“和-积”公式是与原方程等价的；的确，这就是经典教材通常提出这些问题的方式，因为它们是经由如下问题而产生的，即确定一给定面积与周长之矩形的长和宽。有了这样的公式，该问题的解必定为正值，这些解曾是唯一被古人看作真实存在之数的未知量。例如，让我们假设矩形的周长为28个单位，而面积为48个平方单位。令r和s表示该矩形未知的长和宽，这就给我们列出了一组方程$2(r+s)=28$，于是$r+s=14$且$rs=48$。

由线性方程我们推出$s=14-r$，并相应地代入面积算式，可得

$$r(14-r)=48 \Rightarrow -r^2+14r=48 \Rightarrow r^2-14r=-48。$$

我们可以配方来求解这个二次方程，而不是靠猜测或验算。将等号左边的r^2-14r与一般表达式$r^2-2ry+y^2=(r-y)^2$进行比较。前两项都对得上，却没有最后一项y^2。不过，我们可以通过添补缺失项使算式变成我们想要的形式，尽管为了保持方程正确无误，我们要在右边加上该项以保持等式平衡。

具体说来，这里我们需要将$-14r$与$-2ry$对应，这样$-14=-2y$；因此$y=7$，其平方即$y^2=7^2=49$。这是关键部分，将其加到等式两 42

边，便使我们可以取平方根：

$$r^2-14r=-48,$$

于是有

$$r^2-14r+49=-48+49=1,$$

由此有 $(r-7)^2=1$，于是 $r-7=\pm1$，也就是说，$r=7\pm1$。

这样，我们就得出 $r=7-1=6$，接着 $s=14-r=14-6=8$；或者 $r=7+1=8$，而 $s=14-r=14-8=6$。无论是哪一种，我们都被引向那个根本上的唯一解，即一个 6×8 的矩形。

方程配方的总体方法如下。已知任意二次方程 $ax^2+bx+c=0$，此处 $a\neq0$，我们首先除以 a 从而得到一个"首一方程"[①]，即方程中最高次幂 x^2 的系数为1。这是一个等价方程，所以由此得出，我们如果能求解任何首项系数为1的二次方程，那么就可以求解所有二次方程；因而不失一般性，我们只需处理可被转换成 $x^2+bx=c$ 这一形式的方程。我们可以通过加 $b/2$（而不是 b）的平方来完成等号左边的配方，因为

$$x^2+bx+\left(\frac{b}{2}\right)^2=\left(x+\frac{b}{2}\right)^2,$$

展开这个平方时交叉项就出现了，即 $2\cdot(b/2)x=bx$，正如我们想要的那样。因此，通过在两边加上这个特殊的平方，我们有了一个新形式的方程，其中左边是个明显的平方式。我们现在取（正负）平方根，并使 x 成为算式左边的唯一项，最后得到方程的根。

① 所谓"首一方程"，即首项（最高次项）系数为1的代数方程。

要知道，还有其他涉及二次方程的有趣问题，而方程配方让我们能对其求解。我们给出两个题例。 43

方程$y = x^2$所刻画的曲线，是标准的开口向上的抛物线，它将y轴作为对称轴，其顶点即原点（0，0）。方程$y = x^2 + 6x + 13$的图像与$y = x^2$的图像相比较，会怎么样呢？（见图6）

借助方程配方，我们可以证明这两条曲线是相同的；区别仅在于第二个方程的图像被移位了，而位置我们是可以准确描述的。因为$\frac{6}{2} = 3$而$3^2 = 9$，我们可以像下面这样来完成配方：

$$y = x^2 + 6x + 13 = (x^2 + 6x + 9) + 4 = (x + 3)^2 + 4。$$

接下来，$y = (x + 3)^2$的最小值是0，它出现在当$x = -3$的时候：总体上，$y = (x + 3)^2$的图像就是$y = x^2$的，只是左移了3个单位。要得到$y = (x + 3)^2 + 4$的图像，我们只需把$y = (x + 3)^2$的图像沿y轴正向移动4个单位。概括来说，$y = x^2 + 6x + 13$的图像是通过将$y = x^2$的图像左移3个单位再上移4个单位来实现的。特别是，这个抛物线的拐点在（−3，4）。

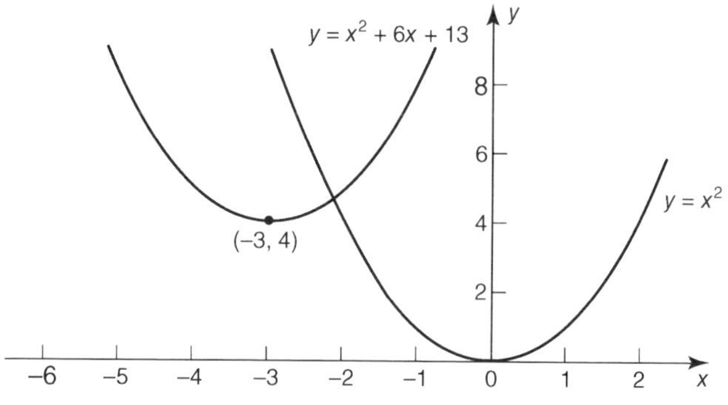

图6　$y = x^2$及$y = x^2 + 6x + 13$的图像比较 44

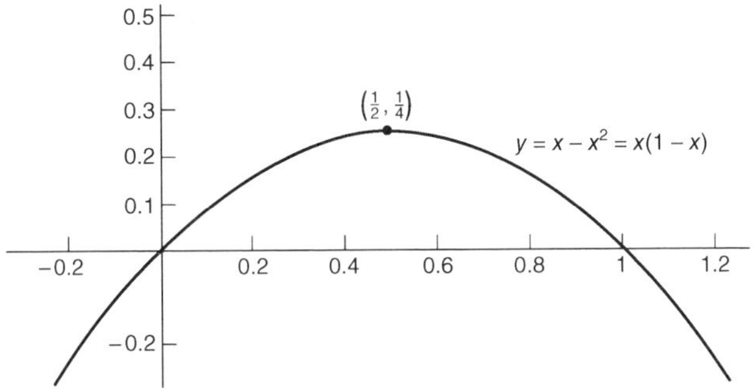

图7　$y = x - x^2$ 的图像

我们的第二个问题是求解大于其自身平方的那个数x。这就是说，我们希望求出x，使得$x - x^2$的值最大，或者对应地使其相反数$x^2 - x$的值最小（见图7）。对该算式配方就需要我们加上（而后减去）$\left(-\frac{1}{2}\right)^2 = \frac{1}{4}$。于是我们有

代数

$$x^2 - x = \left(x^2 - x + \frac{1}{4}\right) - \frac{1}{4} = \left(x - \frac{1}{2}\right)^2 - \frac{1}{4}。$$

我们要使整个算式最小化，就让式中平方项尽可能地小，即0^2；既然这样，将x移至$x = \frac{1}{2}$这个位置，平方项就最小。接着就是我们的答案：$\frac{1}{2}$就是大于其自身平方的那个数。我们也许注意到：

$$\frac{1}{2} - \left(\frac{1}{2}\right)^2 = \frac{1}{2} - \frac{1}{4} = \frac{1}{4};$$

而其他在（0，1）区间的任何数均大于其平方，只是都大得不多——实际上，任何不在$0 \leqslant x \leqslant 1$这个区间的数$x$，事实上都小于$x^2$。

作为本节最后一个题例，让我们来解

$$x+\sqrt{x+1}=11。$$

某种自然而然的冲动是借助平方来让我们摆脱尴尬的平方根，但立刻这样做会行不通，因为根式还会回来，即在左边平方后出现的交叉项中，从而困扰我们。相反，我们把解题重点放在 45
根式上，也就是先让它成为方程左边的唯一项，之后我们再进行平方运算[①]：

$$\sqrt{x+1}=11-x \Rightarrow x+1=(11-x)^2=(x-11)^2=x^2-22x+121;$$

因此，$x^2-23x+120=0$，于是有 $(x-8)(x-15)=0$，这给出了两个解，即 $x=8$ 及 $x=15$。不过，我们如果验算这两个解，会发现只有其中一个能满足初始方 $x+\sqrt{x+1}=11$：

$$8+\sqrt{8+1}=8+3=11; \quad 15+\sqrt{15+1}=15+4=19。$$

这里所出的问题是，在方程两边的平方引入了无关的解，因为蕴涵符号是单向的而不能倒过来：通常，$a=b$ 可以推出 $a^2=b^2$，但 $a^2=b^2$ 不能推出 $a=b$，而只能得出 $a=\pm b$。无关解 15 则是方程 $x-\sqrt{x+1}=11$ 的解。

需要理解的一般要点是，如果我们在一个不可逆向的方程两边进行运算，那么新方程并不等价于原方程。尽管如此，原方程的任何解仍会包含在新方程的解集中。因此，我们求出新方程的解后，需要在原方程上进行验算，毕竟并非所有解都必然与

① 言外之意，第一步须满足“$x+1\geqslant 0$”这个条件。

原方程相关。

二次公式

将配方法应用于一般二次方程，便得到一般二次公式，它一下子解决了所有这类问题。顺其自然，就以这一推导来结束本章。推导该公式最便利的方法，是尽可能直接地将右边构造成所需的表达式。我们把算式写成 $ax^2+bx=-c$，由此开始，在算式两边同乘以 $4a$ 后接着加上 b^2，从而对左边配方。具体来说，我

46 们有

$$
\begin{aligned}
& ax^2+bx=-c \\
\Rightarrow\ & 4a^2x^2+4abx=-4ac \\
\Rightarrow\ & 4a^2x^2+4abx+b^2=b^2-4ac \\
\Rightarrow\ & (2ax+b)^2=b^2-4ac \\
\Rightarrow\ & 2ax+b=\pm\sqrt{b^2-4ac}\ ;
\end{aligned}
$$

所以，$x=\dfrac{-b\pm\sqrt{b^2-4ac}}{2a}$。

这一推导避免了任何分数项，直到最后那行，尽管此番讨论是以我们确知要完成什么为基础的。

值得研究的是另一种推导，其引入了一种更普通而可能适用于其他问题的方法。接下来的方法不需要某种受启发的观察，而更确切地是从代数本身产生，好让我们在起初没有平方项时知道怎么来配方。我们再次从一般二次方程 $ax^2+bx+c=0$ 开始，其中 $a\neq 0$。我们替换 $x=y+t$，这里的 t 是一个特定的常数。我们做这个替换之后，y 的系数会涉及 t 及其他系数。假如

我们接着对t进行选择，使得含y的一次项消失（因为可使其系数为0），我们会得到一个形如$y^2 = k$的算式，其中k是某个系数，由这一意图出发我们就可以通过取平方根来求解。有了这种想法，我们现在设$x = y + t$。展开换元后的算式，再合并同类项，我们有

$$a(y+t)^2 + b(y+t) + c = ay^2 + (2at+b)y + (at^2+bt+c) = 0。\quad (12)$$

我们接着来选择t，使得一次项y的系数为0，也就是说，我们所求t的特定值是通过以下设定得来的，即：

$$2at + b = 0 \Rightarrow t = -\frac{b}{2a}。\quad (13)$$ 47

（12）式中包含y^2的项是ay^2；而对于常数项k，我们利用（13）式便得到

$$k = at^2 + bt + c = \frac{b^2}{4a} - \frac{b^2}{2a} + c = \frac{b^2 - 2b^2 + 4ac}{4a} = \frac{4ac - b^2}{4a}。$$

我们现在有了一条指向那个通用公式的清晰路径，因为我们把原方程简化到了$ay^2 + k = 0$。我们将其写成$y^2 = -k/a$，便有

$$y^2 = \frac{b^2 - 4ac}{4a^2}。$$

把y另写成$x - t = x + b/2a$，接着取平方根，现在前面的算式便给出

$$y = x + \frac{b}{2a} = \frac{\pm\sqrt{b^2 - 4ac}}{2a};$$

$$所以，x = \frac{-b \pm \sqrt{b^2 - 4ac}}{2a}。\qquad (14)$$

印度数学家婆罗摩笈多（597—668）似乎是第一位明确地描述一般二次公式的人，尽管是以文字形式出现在其于628年发表的论文中。再早些时候，丢番图于3世纪就对此类问题采用了一种易于辨识的代数方法。（大约六个世纪前，欧几里得的解均以几何形式来表示根。）然而，该公式首次以现代形式呈现是由弗拉芒数学家西蒙·史蒂文（1548—1620）于1594年完成的，他在欧洲还把十进制计算带进了日常应用。

作为一个引出二次方程而其根并非整数或分数的示例，我们要来求出黄金比例矩形的长宽。该矩形被定义为具有如下属性，即从矩形上移除可能的最大正方形时，剩下较小的矩形与初

48 始矩形相似，唯一的区别在于大小（如图8）。

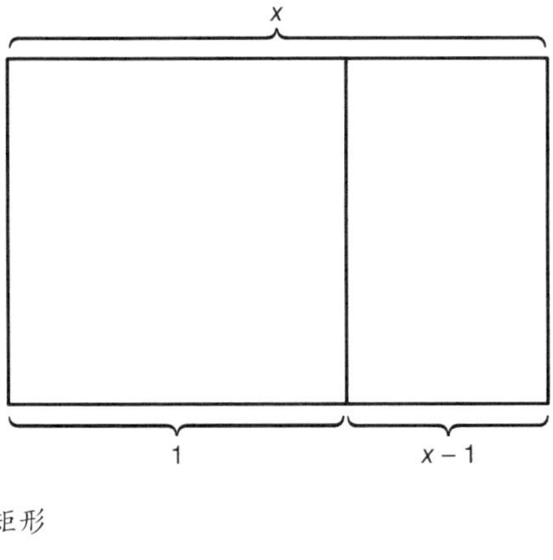

图8　黄金比例矩形

但那对应的大小又是多少呢？我们如果设大矩形较短边的边长为1个单位，而设长边为x，那么由给定的相似条件得出：

$$\frac{x}{1}=\frac{1}{x-1} \Rightarrow x(x-1)=1^2 \Rightarrow x^2-x-1=0。\quad (15)$$

将(14)式的二次公式应用于(15)式的算式,需要我们令$a=1$,$b=c=-1$;于是我们有

$$x=\frac{-(-1)\pm\sqrt{(-1)^2-4(1)(-1)}}{2(1)}=\frac{1\pm\sqrt{1+4}}{2};$$

而由于正数解是我们想要的那个,我们就求出黄金比例(通常用希腊字母ϕ表示):

$$\phi=\frac{1+\sqrt{5}}{2}。\quad (16)$$

黄金比例在数学各领域频繁出现,尤其是在涉及自相似性问题时。

我们用考察一个二次方程可能有多少个解来结束本节。如果我们给函数$y=ax^2+bx+c$作图,相应二次方程$y=0$的解告诉我们,该图像在何处与x轴相交。当然,函数图像可能根本不会与x轴相交。 49

这完全取决于判别式$\Delta=b^2-4ac$,即(14)式二次公式中根号下的那一项;而对于"首一方程"的情况,$\Delta=(r-s)^2$,即两根之差的平方。二次方程在$\Delta>0$时有两个根,而当$\Delta<0$时没有根,因为负数没有平方根。然而,如果$\Delta=0$,那么二次方程有唯一解,即$x=-b/2a$;这种情况下,相应的图像与x轴恰恰交于这一点,而x轴在该点与函数曲线相切(见图9)。我们以一个展示这种转变情况的问题来结束本章。

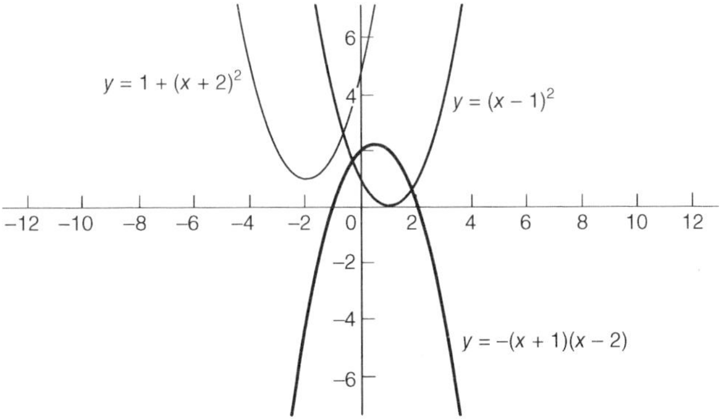

图9　三个二次方程的图像，分别表示0个根、1个根及2个根

一位男士，以匀速v跑步，试图赶上一辆老式的伦敦巴士（就是你可以在车辆行驶中跳上去的那种）（图10）。当他到达离车门还有一段距离d时，静止的巴士开始以恒定的加速度a驶离他。那么d的最大值是多少，才能使我们的这位男士赶上那辆巴士呢？

让我们取原点O，即当巴士开始移动时，我们从该点测量男
50 士及巴士的位置为该男士的初始位置。在时刻t，他会沿x轴正向移动距离vt。不过，巴士在时刻t的速度是at。由于巴士从静止启动，而加速度是恒定的，所以巴士在从时刻0至t这个时间

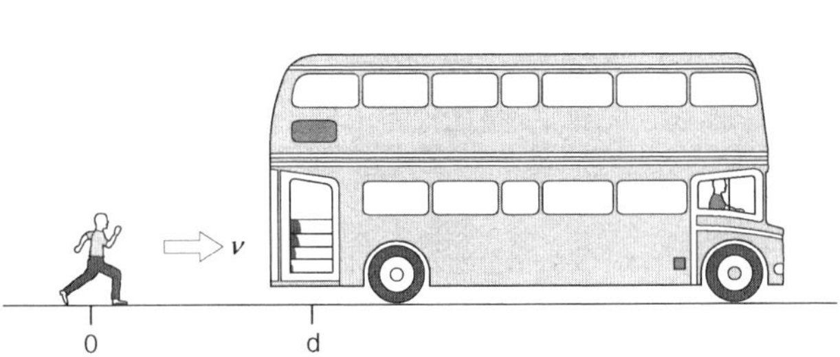

图10　男士跑步赶一辆巴士

区间内的平均速度是 $(at-0)/2=\frac{1}{2}at$。因此，巴士门至原点的距离在时刻 t 为 $d+\left(\frac{1}{2}at\right)t=d+\frac{1}{2}at^2$。

接着，跑步的男士会与门处在同一位置，即当分别表示男士及巴士位置的这两个算式相等时，也就是说，当时刻 t 满足

$$vt=d+\frac{1}{2}at^2 \Rightarrow 2vt=2d+at^2 \Rightarrow at^2-2vt+2d=0。 \quad (17)$$

现在，我们可以通过解（17）式，即关于时间变量 t 的二次方程，来求出时间。不过，这并非问题所在。不妨花点时间来想想，此处实际上可能的是什么。

假设（17）式有两个解。两个时刻中较早的那个，将代表男士赶上巴士的那一时刻。他如果决定在这一时刻不上车，便会超过巴士车门。然而，由于男士在以恒定的速度奔跑，而巴士正在加速，因此巴士最终会赶上并反超他。第二个解便是稍后巴士车门将要经过其身边的那个时刻，这为他提供了最后跳上车的机会。另一方面，如果 d 和 a 的值太大，那么男士永远赶不上巴士，而（17）式也就无解。这两种情况分别对应于 $\Delta>0$ 及 $\Delta<0$。假如 a 和 d 的值不大，那么该男士会很容易赶上巴士，而第二个会合点将在路上很远的地方。随着我们提升 a 和/或 d，上车机会的各个时刻彼此接近；并且在 $\Delta=0$ 的那个点，二者合并成一个难得的时刻。接下来，这个问题要求我们求出，对于一个给定数值 a，d 的值取多大才使得（17）式恰好只有一个解。要确定这个值，我们只需令 $\Delta=0$。首先，让我们解出（17）式中的 Δ： 51

$$\Delta = (-2v)^2 - 4a(2d) = 4v^2 - 8ad。$$

令 $\Delta = 0$，接着得出 d 的临界值：

$$8ad = 4v^2，于是\ d = \frac{4v^2}{8a} = \frac{v^2}{2a}。$$

只要 $d \leqslant v^2/2a$，那位男士便能赶上他的巴士。比方说，假如该男士以6 m/s奔跑，而巴士以1 m/s^2 进行加速，那么临界值 $d = 6^2/2(1) = 18$；因此，如果他与门之间的初始间距超过18米，那么巴士就开走了。

我们完成了对线性方程和二次方程的求解，下一步看起来会是涉及三次幂及更高次幂方程的解。不过在此之前，我们将着眼于多项式代数及其与支配记数系统之代数的对比，以便看一看，关于幂次大于2的方程通常可以学到什么。

第五章

多项式代数与三次方程

一般多项式

我们来预备求解三次方程的基础知识，即首先研究多项式的性质。它以如下形式表示：

$$p(x)=a_0+a_1x+a_2x^2+\cdots+a_nx^n$$

我们称$p(x)$是一个n次多项式。a_i称为x^i的系数，a_0是$p(x)$的常数项，而a_n则称作$p(x)$的首项系数。例如，$p(x)=-9-5x+x^2-2x^3$，就是一个三次多项式。有时，我们想求得算式$p(x)=0$的解x；不过，我们也将多项式看作凭其自身性质而独立存在的对象，这种情况下，符号x仅充当占位符的角色——我们若使用其他字母，诸如y或t，本质上也会得到同样的多项式。因为多项式$p(x)$由$(a_0, a_1, a_2, \cdots, a_n)$这列系数确定，那么我们就可以将多项式定义成这样的系数列，从而完全避开了符号x。然而实际上，$p(x)$通常是作用于一个函数的法则，因此我们把x看作一个变量，也就是说x可能是等于a的任何数，而$p(x)$则是当多项式在$x=a$处取值时其像的值。例如，我们有三次多项式：

53 $p(-2)=-9-5(-2)+(-2)^2-2(-2)^3=-9+10+4+16=21$。

通常可以将一个函数视作任何如下的法则，即取值于一个给定的数而给出另一个（通常是不同的）数——这种思路对于现代数学至关重要。作为函数，多项式的重要性是双重的。首先，多项式函数的值可以明确求出；其次，多项式用途广泛，因为它们可用来对诸如三角函数、指数函数以及对数函数等许多重要函数进行近似，而这些函数的值往往并不能理想地求出。

多项式背后的代数，以明显而更微妙的方式反映了整数的代数。我们可以对多项式进行加法、减法及乘法运算，而代数法则，即结合律、交换律以及乘法对加法的分配律，同样适用。这源于以下事实：我们可以把变量x看作在代表任意数，因此这些算式可以按通常的方式相加或相乘，而以上法则必定一直有效，因为我们已经为此定义了加法与乘法运算。例如：

$$
\begin{aligned}
&(1+x^2)(1-x-x^5)-2x^3+x^4\\
&=(1-x-x^5)+(x^2-x^3-x^7)-2x^3+x^4\\
&=1-x+x^2-3x^3+x^4-x^5-x^7。
\end{aligned}
$$

注意，第一个括号中的两项需要与第二个括号中的各项相乘，并且不要忘记给每个乘积标上正确的正负号。这给整个算式合计贡献了$2\times3=6$项。我们接着对算式进行简化，也就是把式中各项按幂次排个序。最后所得多项式的幂次便是原乘式各项中最高幂次的和，就上述题例来说即$2+5=7$。

多项式的除法特别有意思。问题涉及整数a和b（b为负数也是允许的），即存在唯一的整数q和r，使得$a = bq + r$，其中r为 54
余数，满足$0 \leqslant r \leqslant |b| - 1$。这个等式有一个针对多项式的等价形式，而度量多项式的大小便是看它的幂次。特别是，若多项式$a(x)$与$b(x)$的幂次分别为n及m，且$m \leqslant n$，那么我们可以求得$a(x) = q(x)b(x) + r(x)$这样一个表达式，其中余式$r(x)$的幂次小于m。

这里对我们来说的重要实例是如下简例，即$b(x)$是个线性的首一多项式，记作$b(x) = x - c$，那么余式的幂次为0，也就是说$r(x)$就是一个常数。例如，让我们取$a(x) = 1 + x - 3x^3 + x^4$，而$b(x) = x - 4$；我们需要求解商式，即$q(x) = c_0 + c_1x + c_2x^2 + c_3x^3$，而余项为$r$。于是，我们的多项式为

$$1 + x - 3x^3 + x^4 = (c_0 + c_1x + c_2x^2 + c_3x^3)(x - 4) + r。\qquad (18)$$

我们从展开式中最高次幂x^4着手，立刻得到$c_3 = 1$。由等式两边含x^3的项，得出$c_2 - 4c_3 = c_2 - 4 = -3$，于是有$c_2 = -3 + 4 = 1$。比较等式两边$x^2$的系数，便有$c_1 - 4c_2 = c_1 - 4 = 0$，因此$c_1 = 4$；接下来，观察含$x$的项，我们得出$c_0 - 4c_1 = c_0 - 16 = 1$，于是$c_0 = 17$。最后，对于余项我们有$r - 4c_0 = r - 68 = 1$，所以$r = 69$。综上，我们有

$$1 + x - 3x^3 + x^4 = (17 + 4x + x^2 + x^3)(x - 4) + 69。$$

不过，此处重要的是，这种形式的运算总可以按上述题例的方式进行：我们比较最高次幂，得出$q(x)$中x^{n-1}这项的系数c_{n-1}；接着处理逐级降次的幂，便得到一个关于a_i诸项中各系数

c_i及c_{i+1}的线性方程，而c_{i+1}此时是已知的；于是，c_{n-1}，c_{n-2}，…，c_0，r，这些数便都能辗转求出。

一个多项式除以另一个多项式的长除法，在积分领域的实际运算中是很重要的；而此处是一个理论上的事实：应用于多
55 项式的方程$a = qb + r$是可解的，这使得我们能推导出两个重要的定理，即余数定理①及因式定理，而第二个定理是第一个的推论。

我们用$x-c$来除$a(x)$时，观察以下算式：

$$a(x) = q(x)(x-c) + r;$$

借此可以立即求出r，而无须知道商式$q(x)$；我们如果把$x=c$代入这个算式，便得到

$$a(c) = q(c)(c-c) + r = 0 + r = r。$$

这就是余式定理：我们用$x-c$除一个多项式$a(x)$，此时余式等于$a(c)$。例如，(18)式中的余数r便由$a(4)$给出，因此，

$$\begin{aligned} r = a(4) &= 1 + 4 - 3(4^3) + 4^4 \\ &= 5 + 4^3(-3+4) = 5 + 4^3 = 5 + 64 = 69, \end{aligned}$$

这同我们经由完整的除法运算求得的数值一致。

如果余式$r=0$，那么我们说$x-c$是$a(x)$的一个因式，因为这样一来我们就有$a(x) = (x-c)q(x)$，于是$a(c)$为零，而

① 又称“剩余定理”。

c是多项式$a(x)$的一个根。反过来，如果c是$a(x)$的一个根，也就是说$a(c)=0$，那么由余式定理可知，当$x-c$整除$a(x)$时余式为0，即$a(x)=(x-c)q(x)$。综上，我们有因式定理：c是多项式$a(x)$的一个根，当且仅当$a(x)$能因式分解成如下形式：

$$a(x)=(x-c)q(x)。$$

如果d是$a(x)$的另一个根，那么$0=a(d)=(d-c)q(d)$，于是$q(d)=0$；由因式定理，我们有$q(x)=(x-d)p(x)$，此处$p(x)$是一个幂次为$n-2$的多项式。因为$a(x)$的每个根t都将一个新因式$(x-t)$引入$a(x)$的因式分解，而相应商式多项式的 56
幂次每次都减1，所以我们推断，一个n次多项式$a(x)$互异根的数量最多为n。若$a(x)$有c_1，c_2，…，c_n这样n个根，那么$a(x)$会有一个如下形式的因式分解：

$$a(x)=A(x-c_1)(x-c_2)\cdots(x-c_n); \qquad (19)$$

式中A为常数，它显然是$a(x)$的首项系数a_n。

复　数

由数轴上的点表示的所有数的整体，称为实数集，并记作$\mathbb{R}$。我们可以将正实数看作所有可用小数形式表示的那些数。这是一个比有理数$\mathbb{Q}$大得多的集合；有理数作为任意形如m/n的分数的小数扩展，总是循环的；循环节位数不超过$n-1$：例如，$2/7=0.\overline{285714}$，这展示了一个循环节，其长度为$7-1=6$。因此，从不会陷入循环模式的小数，代表并非有理数的实数：例如，

0.10110111011110…就是个无理数，而0.12345678910111213…同样也是。$\pi = 3.14159\cdots$，这个小数展开似乎本质上是随机的——π当然不是有理数，尽管要证明这个事实并不容易。

我们如果通过自0点沿数轴向左（意为负）或向右（意为正）经度量而得到的带符号的间距来理解某个数的概念，那么实数便是数轴上找得到的所有数。不过，该集合的确有一个严重的缺点：因为平方运算从不为负，由此便得出负数没有平方根。特别是不存在实数a，使得$a^2 = -1$。

数学家们曾断定这不会成立，以至于这样一个数的缺失对于求解某些方程所需的那种自由的代数运算来说成了一道障碍。为了绕过这个障碍，人们引入了虚数单位i，它也被赋予了
57 $i^2 = -1$这样一个性质。该思路也可能是受数轴本身启发，即从如下的观察开始：将数轴上的数乘以-1，其效果相当于将数轴绕0点转动180度，于是1变成-1，而3被映射到-3，如此等等。由于$i^2 = -1$，看起来需要乘以i两次以便得到相同的效果，这就暗示了乘以i会绕原点转动90度。此直角旋转从原数轴引出了另一条与之相垂直的数轴，并形成了一个数的平面。它被称为"阿尔冈平面"，该名称源于让-罗伯尔·阿尔冈（1768—1822）[①]。于是，该平面上坐标为(a, b)的点，对应于被称作复数的$z = a + ib$；此处a和b是普通的实数，分别被称为复数z的实部与虚部。这样做的目的是，通过将i这个新的数与实数集$\mathbb{R}$相关联，我们便得到了扩展的复数集合，记作$\mathbb{C}$；这个集合应该允许我们进行加、减、乘、除这四个基本运算，而常规的代数法则也将适用。实

① 让-罗伯尔·阿尔冈（Jean-Robert Argand），瑞士数学爱好者，是最先给出复数的几何描述的人士之一。此处的"阿尔冈平面"即常义上的"复平面"。

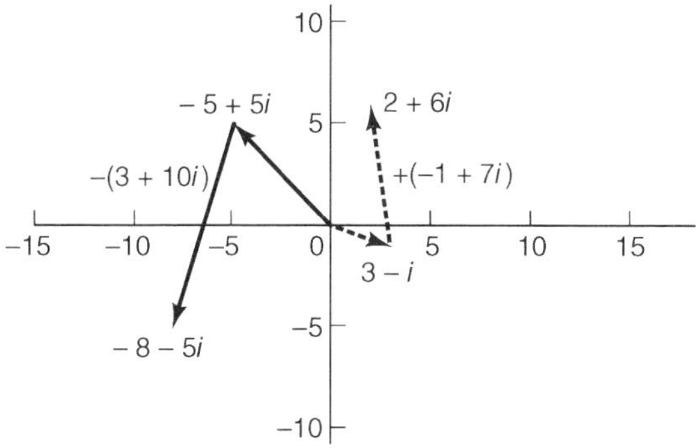

图11　阿尔冈平面上的复数的加法与减法

数集ℝ构成ℂ的一个子集，因为一个实数a以复数形式来表示即$a+0i$（见图11）。

我们把两个复数$z=(a, b)$及$w=(c, d)$相加或相减时，只 58
是将第一项及第二项分别相加或相减，如本例就会得出$(a, b) \pm (c, d)=(a \pm c, b \pm d)$。

我们如果使用符号i，那么便有如下题例：

$$(3-i)+(-1+7i)=(3-1)+i(-1+7)=2+6i$$

以及

$$(-5+5i)-(3+10i)=(-5-3)+(5-10)i=-8-5i。$$

复数的加法对应于通常所说的平面中的向量加法，即定向线段（向量）首尾相连而加在一起。我们从原点出发，其坐标为(0, 0)；此例中，我们将箭头自原点下移并置于向量端点(3, −1)。要与(−1, 7)所示的向量相加，我们就从(3, −1)出发，沿定义为实数轴的水平方向左移1个单位，接着沿被称为虚数轴的垂直方向上移7个单位。相加的结果是，我们止步于点（2，6）。同样，复数的减法对应于平面中的向量减法。

在继续讨论之前，请记住，“虚数的”只是形容词，我们不应该过多解读。毕竟，一个虚数$a+bi$就可被看作一对实数（a，b），如同一个分数a/b可以由一个整数对（a，b）来表示那样。复数的有效性由此取决于该系统是否无矛盾；而复数集合$\mathbb{C}$的重要性便源于其作为计算平台的有效性。离开实数轴的单线而进入阿尔冈平面，这使数学与物理学得以按原本不可能的方式来发展。

两个复数z与w的乘法，现在就很容易了。我们只用分配律
59 来展开z和w的乘积，并用-1替换每一次出现的i^2，接着将实部及虚部分别合并在一起：

$$zw=(a+bi)(c+di)=ac+adi+bic+bidi$$

$$=(ac+bdi^2)+adi+bci$$

所以，$zw=(ac-bd)+(ad+bc)i$。 (20)

但我们如何对复数进行除法运算呢？诀窍是借助共轭的概念，而共轭与二次方程公式有关。

一个二次方程，其有理系数如二次方程公式所示；它的解以如下数对的形式呈现，即 $r=p+\sqrt{q}$ 及 $\bar{r}=p-\sqrt{q}$，这里p和q都是有理数。我们称r与$\bar{r}$共轭。共轭可用来化简分母中带平方根的表达式，以便使分母正好变成一个整数。这个过程被称为分母的有理化，是通过把分式的上下部同乘以分母的共轭来实现的。含平方根的交叉项随之被消除，而留下化简的分母。例如，我们对$3/(5-2\sqrt{2})$的分母进行如下有理化：

$$\frac{3}{5-2\sqrt{2}}\cdot\frac{5+2\sqrt{2}}{5+2\sqrt{2}}=\frac{15+6\sqrt{2}}{5^2+10\sqrt{2}-10\sqrt{2}-4(\sqrt{2})^2}$$

$$=\frac{15+6\sqrt{2}}{25-8}=\frac{5}{17}+\frac{6}{17}\sqrt{2}。$$

r的共轭复数$\bar{r}$的核心性质，是乘积$r\bar{r}$回到了有理数的范围，而分母中含$\sqrt{2}$的无理数部分消去了。与复数$z=a+bi$相对应的，会是另一个复数$\bar{z}$，使得$z\bar{z}$完全是实数；也就是说，乘积的虚部会是0，于是分母中的虚数单位i也就不复存在了。满足这种限 60
定条件的数，是z关于实数轴的镜像从而得出的共轭复数$z=a-bi$：

$$z\bar{z}=(a+bi)(a-bi)=a^2-abi+abi-b^2i^2=a^2+b^2。\quad(21)$$

请注意，$z\bar{z}$不仅是实数，也是非负的，因而实际上总会是正数，除非当$a=b=0$时，这就是说$z=0$。还要注意，(21)式告诉我们，$z\bar{z}$是复数$z=a+bi$至原点距离的平方。为了与普通绝对值符号保持一致，我们将这一距离即通常所说的"z的模"记作$|z|$，于是$z\bar{z}=|z|^2$。

我们现在可以借助除数的共轭复数来完成一个复数除以另一个复数的运算，例如：

$$\frac{21+i}{3+2i}=\frac{21+i}{3+2i}\cdot\frac{3-2i}{3-2i}=\frac{63-42i+3i-2i^2}{3^2+\ 2^2}=\frac{(63+2)-39i}{9+4}$$

$$=\frac{65-39i}{13}=5-3i$$

一个二次方程可以有0个解、1个解或2个解，这取决于判别式$\Delta=b^2-4ac$是小于、等于还是大于0。二次方程公式给出了这些解，而我们则不必按这样的要求来求解虚数。不过，一旦x^3出现在计算上，复数也会自然地出现在相关的计算过程中，即便解都是实数。复数域是数学有史以来最大的惊喜之一，仅次于两千多年前毕达哥拉斯发现的无理数。

复数使我们能够在判别式$\Delta<0$的情况下求解二次方程的根。例如，让我们来求解$x^2-10x+41=0$。此时，

$$\begin{aligned}\Delta=b^2-4ac&=(-10)^2-4(1)(41)\\&=100-164=-64=64i^2;\end{aligned}$$

因此$\pm\sqrt{\Delta}=\pm 8i$，于是我们得到

61

$$x=\frac{-b\pm\sqrt{\Delta}}{2a}=\frac{10\pm 8i}{2}=5+4i\text{ 或 }5-4i。\qquad(22)$$

有个一般性质可以从（22）式得出。一个实系数二次方程的复数根始终相互共轭，即有$c\pm di$。正如我们将在后续章节中看到的那样，这一性质同样适用于高次多项式。

复数的共轭对于算术运算有良好的交换性：复数之和、差、积、商的共轭，视具体情况对应于共轭复数的和、差、积、商：用符号表示，即$\overline{z\pm w}=\bar{z}\pm\overline{w}$，$\overline{zw}=\bar{z}\overline{w}$，以及$(\overline{z/w})=\bar{z}/\overline{w}$。每个这样的等式都可以验算，即通过计算任意两个复数$z=a+bi$及$w=c+di$所对应方程的两边；我们注意到，两边的结果是一致的。例如，运用（20）式所示的乘法法则，我们有

$$\overline{zw}=(ac-bd)-(ad+bc)i=(a-bi)(c-di)=\bar{z}\overline{w}。$$

就除法来说，首先要注意，对于任何非零复数w，我们有

$(\overline{w/w})=\bar{1}=1$。接下来，由于除以$w$意味着乘以其倒数，我们便可以将上述结果运用于乘积形式的共轭，从而得到

$$1=\bar{1}=\overline{w\cdot\frac{1}{w}}=\bar{w}\cdot\overline{\left(\frac{1}{w}\right)},$$

所以，

$$\overline{\left(\frac{1}{w}\right)}=\frac{1}{\bar{w}};$$

于是，一般便有

$$\overline{\left(\frac{z}{w}\right)}=\overline{\left(z\cdot\frac{1}{w}\right)}=\bar{z}\cdot\overline{\left(\frac{1}{w}\right)}=\bar{z}\cdot\frac{1}{\bar{w}}=\frac{\bar{z}}{\bar{w}}。$$

我们将在下一节运用这些关系，来证明实系数多项式的根会以互为共轭的形式出现。不过，另一个结果是：

$$|zw|=|z|\cdot|w|, \tag{23}$$

而这同样表明，商的模是模的商。接着要验证（23）式并不难——由于所涉及的量是非负实数，我们只需验证其平方是否相等，即 62

$$|zw|^2-(zw)(\overline{zw})=zw\bar{z}\bar{w}=z\bar{z}w\bar{w}=|z|^2\cdot|w|^2。$$

（23）式引出了复数的另一种表达，即$z=(r,\theta)$这样的形式，此处r是z的模；这就将z定位在以原点O为中心且以r为半径的圆上面，而θ是实数轴与矢量Oz之间的夹角。这称为z的极坐标形式，在处理幂及根时是很有用的；对于$z=(r,\theta)$与$w=(s,\phi)$的乘法运算，极坐标形式（见图12）有如下法则：

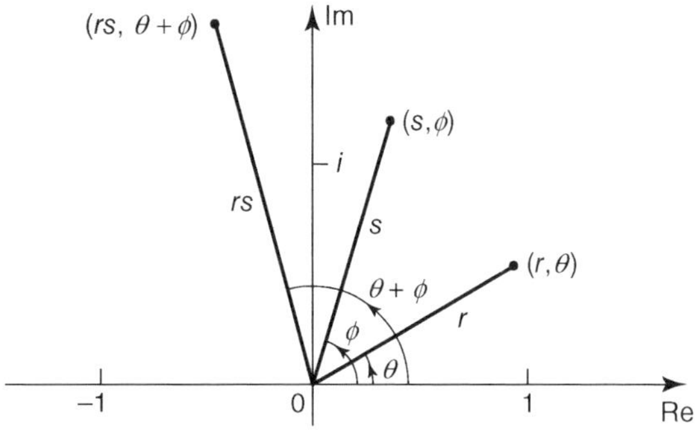

图12　极坐标形式的复数乘法

$$zw=(r,\ \theta)(s,\ \phi)=(rs,\ \theta+\phi)。\qquad(24)$$

特别是取（24）式的n次幂便得到$z^n=(r^n,\ n\theta)$。当我们将两个复数相乘，由（23）式便有模r与模s相乘；接着用三角函数将复数z写成笛卡尔坐标形式，并运用通常所说的余弦及正弦倍角公式来表示极角相加。

多项式因式分解

因式定理告诉我们，如果r是n次多项式$p(x)$的一个根，那
63 么我们可以将$p(x)$分解成$p(x)=(x-r)q(x)$，这里$q(x)$的幂次为$n-1$。因此，重复该过程便得出结论，等式$p(x)=0$最多有n个解。实际上，考虑到重复出现的复数根，那么一个n次多项式的确总会有n个根。例如，方程$x^2+1=0$显然没有实数解，但它有两个虚数解，即$\pm i$；而方程$x^2-2x+1=0$唯一的一个解是$x=1$。不过，表面上第二个根的缺失是由于1这个根是重复的，因为x^2-2x+1的因式分解是$(x-1)(x-1)$。我们进一步来探究。

要求解未知数x的三次或更高次方程式，因式定理有时让我们能迈出第一步。例如，我们如果可以求得三次多项式$p(x)$的一个根a，那么方程$p(x)=0$就可以写成$(x-a)q(x)=0$，此处$q(x)$是个二次多项式。接下来，余下的解将是二次方程式$q(x)=0$的解，由此便可以求得所有的解。确实，求出任何有理系数多项式方程$p(x)=0$的全体有理数根，是有可能的，因为我们可以按如下方式进行。

首先，我们可以“消去分母”：用所有分母的乘积A与多项式相乘，经过对每个系数的消元，我们就得到另一个带整数系数的多项式。这个新的多项式与原多项式有相同的根，因为$A\neq 0$，则对于任意值x，当且仅当$p(x)=0$时，我们有$Ap(x)=0$。因此，不失一般性，来假设$p(x)$有如下形式：

$$p(x)=a_0+a_1x+\cdots+a_nx^n;$$

其中，$a_0, a_1, \cdots, a_n$位于$\mathbb{Z}$，$n\geqslant 1$，且$a_n\neq 0$。

我们正在求$p(x)$的全体有理数根，如果它们存在的话；所以，让我们假设$p(a/b)=0$，这里a与b都是整数，当然$b\neq 0$。更重要的是，我们可以假定分数a/b已被消至最简式，这样1就是a 64
和b的最大公约数。欧几里得引理告诉我们，如果r与s没有公因子，而r又整除st，那么r整除t。这里我们要把该引理的一个简单推广看作理所当然的。

将$x=a/b$代入$p(x)$并同乘以b^n从而消去分母；b的幂次是升序，依次将其消去后我们得到下式：

$$a_0b^n+a_1ab^{n-1}+a_2a^2b^{n-2}+a_3a^3b^{n-3}+\cdots+a_na^n=0。\qquad(25)$$

接下来，我们如果在式子左边除以a，那么（25）式告诉我们结果是$0/a=0$。不过，a是第一项之后各项明显都有的因子：例如，$a_1ab^{n-1}/a=a_1b^{n-1}$，这是个整数。由此得出，第一项a_0b^n必定也是a的倍数，否则等式左边除以a时就无法等于整数0了。但由于a和b互为素数，所以a与b^n也是如此，而且b和b^n有相同的素数因子。因此，我们由欧几里得引理的推广得出，a必定是$p(x)$的常数项a_0的一个因子。这意味着，分子a可以在a_0的因子（或正或负）中求得。

同理，我们可以缩小范围来求有理数根的分母b。由于b作为因子直接出现在（25）式左边除最后一项a_na^n之外的每一项中，所以b是式子左边每一项的因子，包括a_na^n在内。而再一次，同样因为a与b没有公因子，于是a^n与b也一样如此。因此，b必定是$p(x)$首项系数a_n的一个因子。

总之，我们得到了有理根定理：对于多项式$p(x)$的任何有理根a/b，分子为$a|a_0$，而分母为$b|a_n$。

我们有必要知道该定理在说什么和没说什么。它不是在说多项式$p(x)$一定有任何有理根，它没有这样的根也是有可能的。该定理是说，$p(x)$若有任何有理根，那么那些根可以在一个有理数构成的有限集合中求得，而那些有理数我们可以
65 明确列出。由此，它只不过是这样一个问题，即依次验算这些候选解，以便求得$p(x)$有理根的完整列表。有可能这些有理数a/b都不满足$p(a/b)=0$。如果是这样，那么我们对多项式$p(x)$的任何根仍然不清楚，但我们确定它们都不是有理数。而这是完全可能的。例如，x^2-2就有$\pm\sqrt{2}$这样两个根，且都是无理数。

作为题例，让我们来求出$p(x)=2x^3+x^2-5x-3$所有的根。对于$p(x)$任意有理根a/b，借助有理根定理我们有，a是常数项-3的一个因子，而b是首项系数2的一个因子。于是，a/b要么等于集合$\left\{1, 3, \frac{1}{2}, \frac{3}{2}\right\}$中的某个数，要么是其中对应的负数。这给了我们八种可能来验算：例如，$p(1)=2+1-5-3=-5\neq 0$。而有一备选结果通过了验算，即：

$$p\left(-\frac{3}{2}\right)=2\left(-\frac{3}{2}\right)^3+\left(-\frac{3}{2}\right)^2-5\left(-\frac{3}{2}\right)-3$$
$$=-\frac{27}{4}+\frac{9}{4}+\frac{30}{4}-\frac{12}{4}=\frac{39-39}{4}=0。$$

由因式定理，$\left(x-\left(-\frac{3}{2}\right)\right)=x+\frac{3}{2}$是$p(x)$的一个因式；同理，该因式的任何非零倍数，也是其因式：将该因式乘以2，我们就可把$p(x)$写作：

$$p(x)=2x^3+x^2-5x-3=(2x+3)(ax^2+bx+c)$$
$$=2ax^3+(3a+2b)x^2+(3b+2c)x+3c。$$

式子两边系数相等，我们立即有$a=1$，$c=-1$；而$3+2b=1$，于是$b=-1$。（同样，$3b-2=-5$，也能得出$b=-1$。）因此，二次因式是x^2-x-1，它的根我们接下来就能求得——确实，我们已经这样做了，因为这正是我们发现黄金比例的数值时出现的二次方程，它有无理根$(1\pm\sqrt{5})/2$。

无论理论上还是实践中，有理根定理都使我们能够求解任何有理系数多项式的全部有理根。正如第一章所预期的那样， 66

我们可以用该定理给出如下重要的理论结果，而该结论曾令古希腊数学家如此困惑，即若一个正整数k不是另一个正整数的n次幂，那么$\sqrt[n]{k}$是无理数。

为此，我们来考察多项式$p(x)=x^n-k$。我们令$p(x)=0$，其根为$\pm\sqrt[n]{k}$。若正根是有理数，那么它可用a/b这样的形式表示，其中我们对a和b取正数。不过，我们由有理根定理得出，分子a是k的一个因子，且b是1的一个因子，这也就是说，$b=1$；于是，$a/b=a$，而根a便是整数。这说明，$\sqrt[n]{k}$要么是个整数，要么是无理数，但它不能是个非整数的分数。特别地，诸如$\sqrt{2}$，$\sqrt{60}$和$\sqrt[3]{25}$这样的数，都是无理数。

对于像黄金比例ϕ那样的数，也可以这样说。因为如果不是这样，那么我们可将其记作$\phi=a/b$，而用（16）式中ϕ的表达式，我们可以进行如下讨论：

$$\phi=\frac{1+\sqrt{5}}{2}=\frac{a}{b},$$

于是有

$$\sqrt{5}=\frac{2a}{b}-1=\frac{2a-b}{b},$$

从而得出这样的矛盾，即$\sqrt{5}$也可以表示成分数。我们现在知道这是不可能的。因此，ϕ的确是无理数。

然而，应该指出的是，无理数对于加法或乘法都不是封闭的。例如，$\sqrt{2}$，$2-\sqrt{2}$以及$\sqrt{2}\pm1$都是无理数，但是

$$(2-\sqrt{2})+\sqrt{2}=2,\quad(\sqrt{2}-1)(\sqrt{2}+1)=2-\sqrt{2}+\sqrt{2}-1=1。$$

代数基本定理断言，任何非常数多项式 $p(x)$ 都有一个根 λ，这个根可能是实数或复数。该定理是普遍适用的——$p(x)$ 的系数可能是实数或复数。这一定理历史悠久，且很难严格证明；没有证明是完全以代数方式展开的，更确切地说，总会涉及与空间或（就像在数学中所称呼的那样）拓扑论证相关的某些元素。 67

代数基本定理尽管不是一个纯代数的结果，但对多项式的性质及相关因式分解有重要价值，正如我们接下来要阐释的那样。

令 $p(x)$ 为一个标准的 n 次多项式，并设 z 是 $p(x)$ 的一个复根，使得 $a_0 + a_1z + \cdots + a_nz^n = 0$。在等式两边取共轭。当然，$\overline{0} = 0$；运用如下规则，即和的共轭等于共轭的和，而积的共轭等于共轭的积，我们得到：

$$\overline{a}_0 + \overline{a}_1\overline{z} + \cdots + \overline{a}_n\overline{z}^n = 0,$$

使得 $\overline{z}$ 是该共轭等式的一个根。不过，若 $p(x)$ 的系数为实数，那么每个 $\overline{a}_i = a_i$，这让我们有了共轭复根定理：若 z 是实系数多项式 $p(x)$ 的根，那么其共轭 $\overline{z}$ 也是。

联用代数基本定理和因式定理，现在使多项式 $p(x)$ 的完全分解成为可能：首先取第一个根 r_1，这使我们可以把 $p(x)$ 分解成 $(x-r_1)q(x)$，此处 $q(x)$ 是一个幂次为 $n-1$ 的多项式。我们可以重复该过程共 n 次，直到商仅是一个带有根 r_n 的线性多项式，它会有 $A(x-r_n)$ 这样的形式，A 为非零常数。接着，我们得到以线性因子来表示的 $p(x)$ 的完全分解：

$$p(x) = A(x-r_1)(x-r_2)\cdots(x-r_n)。 \qquad (26)$$

这是个普遍适用的结果：$p(x)$ 的系数可以是复数，但这种分解依然存在。剩下的问题便是如何求得这n个根；它们肯定存在，且没有更多的解了。不过，我们注意到有些根可能相等。例如，设$p(x)=x^4(x-1)(x-2)^2$。$p(x)$的幂次是7，但只有三
68 个不同的根，即0、1和2。$p(x)$的0这个根出现在四个因式中，而2这个根出现在两个因式中。于是我们说，对于该多项式，0是一个重数为4的重根，而2是重数为2的重根。

这个题例中，对于$p(x)$的系数都是实数的情况，有个极为有趣的观察。由共轭复根定理，$p(x)$的根以z和$\bar{z}$相互共轭的形式出现；而如果z为非实数根，我们就“自然”得到第二个根$\bar{z}$。这就导向我们分解中的一对因式$(x-z)(x-\bar{z})=x^2-(z+\bar{z})x+z\bar{z}$。正如我们已经指出的，若$z=a+bi$，那么$z\bar{z}=a^2+b^2$，这是个非负实数。进一步，$z+\bar{z}=(a+bi)+(a-bi)=2a$，同样是实数。这便是

$$(x-z)(x-\bar{z})=x^2-2ax+(a^2+b^2)。$$

我们得出结论，任何实系数多项式都可以分解为一列实系数的线性因式及二次因式。二次因式$q(x)$不可约，意味着$q(x)$不可以被分解成实数上的线性因式。当然，我们如果允许复数，就可以用其相互共轭的根将$q(x)$分解为一对线性因式。这就是代数基本定理通常的表述方式，并且是著名德国数学家卡尔·弗里德里希·高斯（1777—1855）在其1799年博士论文中所用的形式。

三次方程的解

我们已经取得很大的进展，所以让我们仔细考察一下在求

解有理（或等价于整数）系数的三次方程问题上我们所处的位置，方程形如$p(x)=ax^3+bx^2+cx+d=0$。我们从（26）式知道，$p(x)=0$有三个（未必不同的）根。由共轭复根定理，这三个根要么都是实数，要么是两个共轭复根及一个实根。不管怎么样，至少有一个实根要求出；我们如果能确认一个根r，那么由 69
因式定理就能将问题简化，从而来解一个形如$(x-r)q(x)=0$的方程，这里$q(x)$是个二次因式。接着，我们可以求出$q(x)$的根，由此完全解出我们的三次方程。

更重要的是，我们可以用有理根定理求出方程全部有理根。不过，如果事实证明不存在有理根，那么我们依然没有用于求解三次方程一个实根的技术。

我们将模仿用于求解二次方程的成功方法。我们还是可以假设首项系数$a\neq 0$，并用方程式除以a，从而得到一个等价的首一多项方程式。因此，考虑形如$x^3+ax^2+bx+c=0$的方程就足够了。（a、b和c于此仍旧表示一般的整数系数，而与初始方程的系数不同。）参考二次方程情况下的示例，下一步是替换$x=y+t$。我们对t进行巧妙的选择，这样应该能够导出一个不含y^2中任何项的等效方程。对幂$n=3$运用二项式展开，我们可得

$$(y+t)^3+a(y+t)^2+\cdots=0,$$

于是有

$$y^3+(3t+a)y^2+(y\text{中各项及常数项})=0。$$

所以，我们如果令$t=-a/3$，那么结果会是一个关于y而没有y^2这一项的首一三次方程。这样一来，我们就能够求解任何

三次方程，只要我们学习如何求解一个简化的三次方程，即形如 $x^3 + dx + e = 0$ 的方程，因为一般的三次方程都可以简化成这样的某个方程。

接下来最快的求解方式是运用韦达替换，也就是令 $x = v + s/v$，此处对 s 进行选择是为了把待解方程简化为一个二次方程。70 按照所建议的那样进行替换，并运用二项式定理（$n = 3$），算式左边如下：

$$\left(v+\frac{s}{v}\right)^3+d\left(v+\frac{s}{v}\right)+e=v^3+3sv+\frac{3s^2}{v}+\frac{s^3}{v^3}+dv+\frac{ds}{v}+e$$

$$=v^3+(3s+d)v+(3s+d)\frac{s}{v}+\frac{s^3}{v^3}+e。$$

我们现在令 $s = -d/3$，即可一举两得，因为这样一来便能消去含 v 及 $1/v$ 的项，只余下

$$v^3-\frac{s^3}{27v^3}+e=0,$$

由此有

$$v^6+ev^3-\frac{s^3}{27}=0。$$

最后，我们得到一个关于 v^3 的二次方程，也就是说，我们通过设 $z = v^3$ 便可把问题简化成二次方程 $z^2 + ez - (d/3)^3 = 0$。我们接着解这个方程来求 z，再取立方根来求 v，下一步从 $y = v - d/3v$ 还原 y；最后，得到解 $x = y - a/3$。

让我们将该方法应用于一个题例：

$$p(x) = x^3 - 3x^2 + 6x + 8 = 0。$$

为了得到一个简化的三次方程，我们令$x = y + t$，此处$t = -a/3 = -(-3)/3 = 1$，于是我们设$x = y + 1$，这就得出：

$$\begin{aligned}&(y+1)^3 - 3(y+1)^2 + 6(y+1) + 8\\ &= (y^3 + 3y^2 + 3y + 1) - (3y^2 + 6y + 3) + (6y + 6) + 8 = 0\\ &\Rightarrow y^3 + 3y + 12 = 0。\end{aligned}$$

接下来，我们运用韦达替换，即令$y = v + s/v = v - d/3v = v - 3/3v = v - 1/v$，得出：

$$\left(v - \frac{1}{v}\right)^3 + 3\left(v - \frac{1}{v}\right) + 12 = v^3 - 3v + \frac{3}{v} - \frac{1}{v^3} + 3v - \frac{3}{v} + 12 = 0$$

$$\Rightarrow v^3 - \frac{1}{v^3} + 12 = 0 \Rightarrow v^6 + 12v^3 - 1 = 0。$$

设$z = v^3$，便有二次方程：

$$z^2 + 12z - 1 = 0$$

$$\Rightarrow z = \frac{-12 \pm \sqrt{144 + 4}}{2} = \frac{-12 \pm \sqrt{148}}{2}$$

$$= \frac{-12 \pm \sqrt{4 \times 37}}{2} = \frac{-12 \pm 2\sqrt{37}}{2} = -6 \pm \sqrt{37}。$$

我们取根$\sqrt{37} - 6$便有$v = \sqrt[3]{\sqrt{37} - 6}$（另一个根会导出同一组根式）。继续下一步，我们现在可以求出一个实数根：

$$x = y + 1 = v - \frac{1}{v} + 1 = \frac{v^2 + v - 1}{v}。$$

这样，最后我们有实数根：

$$x=\frac{(\sqrt{37}-6)^{2/3}+(\sqrt{37}-6)^{1/3}-1}{(\sqrt{37}-6)^{1/3}}\approx-0.8589。$$

我们回到原多项式$p(x)=x^3-3x^2+6x+8$，可以验算得出$p(-1)=-2<0<8=p(0)$。由于多项式的图形是一个连续的曲线，所以，当x自-1增至0时，$p(x)$必定在-2与8之间取到每一个可能的值。特别是，在$-1<x<0$这个区间内必定有一个x，使得$p(x)=0$。此外，$p(-1)$及$p(0)$的值表明，这个根会靠近-1，而不是靠近0。先前的计算验证了这一点，并准确地告诉我们这个根在哪里。

有个称为判别式的量Δ，与三次方程或者实际上与任何多项式相关，它决定了根的性质。就二次多项式ax^2+bx+c来说，我们有$\Delta=b^2-4ac$。这里不必给出一般的定义，就可以说，Δ是根之差取平方后的某个乘积。对于一个根为r及s的首一二次方程，我们可以验算得出$\Delta=(r-s)^2$。由于判别式有根之差的乘积作为因式，所以当且仅当两个根相等时，也就是说多项式有
72 重根时，$\Delta=0$。对于实系数的三次方程，我们可以进一步说，当$\Delta\geqslant0$时，多项式$p(x)$有三个实根；而当$\Delta<0$时，多项式只有一个实根以及一对共轭的复根。

理论上Δ的定义是有用的，因为它揭示了比如刚提及的那些事实；但由于它是借助根来表示，而根都是未知的，所以它对于运算并不是个有用的形式。然而，Δ的值可以用多项式的系数表示，尽管对于高次幂来说表达式会非常复杂。比如对于三次方程ax^3+bx^2+cx+d，有

$$\Delta = b^2c^2 - 4ac^3 - 4b^3d - 27a^2d^2 + 18abcd。$$

在我们的题例中，$a=1$，$b=-3$，$c=6$，而$d=8$；于是有

$$\Delta = (-3)^2(6^2) - 4(1)(6^3) - 4(-3)^3(8) - 27(1^2)(8^2) + 18(1)(-3)(6)(8) = -3996 < 0。$$

因此，我们所求的实根只有一个。不过，正如意大利文艺复兴时期的先驱者所发现的那样，判别式为正值时，替换法也会致使表达式涉及复数，尽管所有三个根是实根。

我们就四次及五次方程（也就是幂次分别为4和5的多项式方程）说几句，来结束本章。求解三次及四次方程的方法，一并出现在由杰罗拉莫·卡尔达诺于1545年写就的《伟大的艺术》[1]中。求解四次方程的方法是卡尔达诺的学生洛多维科·费拉里（1522—1565）提出来的。首先，一个简单的替换就将问题转化为简化的首一四次方程问题，其形如$x^4+ax^2+bx+c=0$。此时，费拉里想出了一个原则上使求解问题成为可能的巧妙替换。不过，剩下的困难是，新引入的变量y必须选来使得某个相关二次方程的判别式为0。要使其成立，y必须是某个三次方程的解。以这种方式，费拉里已经证明，只要可以解出三次方程，那么四次方程也可以求解。

然而，为求解多项式的根而构思的操控及替换方法，最终也变得无能为力了。鲁菲尼–阿贝尔定理证明了，不存在用于五次

① 杰罗拉莫·卡尔达诺（Gerolamo Cardano），文艺复兴时期的医师、哲学家、数学家，1501年生于米兰公国帕维亚，1576年卒于罗马。文中提及的，是一部关于代数的重要的拉丁语著作。其全名为*Artis Magna, Sive de Regulis Algebraicis*；意即“伟大的艺术，或代数法则”。卡氏生前，该书于1570年还出过第二版。

（或更高次）多项式方程的公式，即依据其系数而仅使用常规代数运算（加、减、乘、除）及根式（平方根、立方根等等）来表示的公式。不管怎么样，现代在方程根理论领域的发展，发端于埃瓦里斯特·伽罗华（1811—1832）的成就。其工作引出了抽象代数的一个全新分支，被称为群论，自那之后一直主导着该主题的
74 研究。

第六章

代数与余数的算术

本章的主题是新的代数类型，即余数的算术。这既是一个古老的话题，又是一个在网络密码学中找到了重要的当代应用的主题。我们首先就抽象代数稍微多谈一点，因为它构建了你在本书其余部分会遇到的那些特殊示例类型的背景。

群、环及域

整数在加法下的运算，记作（$\mathbb{Z}$, $+$），是一个关于被称为群的代数结构的关键示例。一个群由一个基础集合结合一个运算构成。此例中，集合是整数集$\mathbb{Z}$，运算是加法，它使得集合中的两个数比如a和b可以相互作用并得出集合中的另一个数$a+b$。群运算必须是个二元运算，好比加法运算，意味着它涉及集合中的两个元素。更重要的是，我们进一步要求，就一个二元运算要成为群运算来说，该运算得满足三个特定条件，而所有这些条件都适用于整数加法：加法运算必须满足结合律，也就是说，对于集合中任意三个元素a、b、c，有$a+(b+c)=(a+b)+c$；必须有一个恒等元[1]，记作0，其有如下性质，即$a+0=0+a=a$总是成立；最后，集合中每个元素a有一个逆元，记作$-a$，其在如下意义上逆转了与a相加的效果，即$a+(-a)=(-a)+a=0$。

75 整数加法也满足交换律，因为有$a+b=b+a$。然而，交换性却不是群的一般定义中的一条；但当一个群G的运算服从交换律时，我们说G是一个阿贝尔群。该术语源自尼尔斯·阿贝尔（1802—1829）的姓，他这个姓被赋给了鲁菲尼–阿贝尔定理，即第五章中提到的与五次多项式方程不可解性有关的那个定理。

从第七章开始，我们将遇到诸集合的其他示例，特别是矩阵集合，其形成了带运算的群，而那些运算与常规加法完全不同。不过，由于这些新运算仍然满足群公理，因此任何涉及群的一般结果也会在这些情况下成立；这指明了为什么要全面研究群及其他抽象代数。

这番尝试的好处源于如下事实，即无论什么定理或关系在抽象代数的背景下被揭示出来，那么便适用于任何遵从所讨论之法则的特定代数对象。数学家往往找出核心定理得以成立的最广泛的场合，因为那不仅使它们的应用范围变大，而且也使人们更清楚地了解它们为什么是正确的。出于这些原因，你会发现，抽象代数方面的教科书通常涉及半群和群，以及环和域。前两个都是带有一个单一结合运算的代数，而后两个（是我们将要介绍的概念）则都是带有经分配律相关联的两种运算的代数。并且还有更多：格是有一个偏序结构的代数；而向量空间及模则是这样的代数，即其元素可以乘以出自其他域或环的标量。

[1] “恒等元”于此也可称作“加法中性元”。

代数自身也被整体性研究。这种整体性研究被称为泛代数，而该领域的实践者则找寻对于所有类型的代数都有效的定理。76

整数在加法运算下是一个阿贝尔群，我们自孩童时代就已经同它打交道了，这就是为什么在这种语境下群的性质对我们所有人来说是很自然的。不过从一开始，我们在处理$\mathbb{Z}$时就进行加法及乘法两种运算。因此，我们需要考虑像整数及像有理数$\mathbb{Q}$这样的代数，其有一组由分配率相关联的二元运算。

交换环是一类含两种运算（记作“ + ”及“ · ”）的代数，就像整数集合$\mathbb{Z}$那样。该集合在“ + ”运算下构成阿贝尔群。乘法运算也遵循结合律及交换律，但环①还需要满足乘法对加法的分配律，也就是说$a \cdot (b+c) = a \cdot b + a \cdot c$。交换环的一个不同类型的示例，我们说，是多项式加法及乘法运算下的所有实系数多项式的环$\mathbb{P}$。

域是一种特殊类型的交换环，一个示例是有理数集合$\mathbb{Q}$，于此还有一个乘法恒等元，通常记作1（$\mathbb{Z}$也有这个性质；因此$\mathbb{Z}$被称为“幺元环”）；而域的每个非零成员a都有一个乘法逆元，记作a^{-1}或$1/a$，使得有性质$a^{-1} \cdot a = 1$成立②。

我们的两个扩展数系，即实数集合$\mathbb{R}$及复数集合$\mathbb{C}$，均满足

① 可惜此处未直接给出“环”（Ring）的定义。简单讲，集合$\mathbb{R}$带有两种运算，比如记作“ + ”及“ · ”，使得（$\mathbb{R}$，+）是阿贝尔群，也就是说，该集合在“ + ”运算下是交换群；并且两种运算满足分配律，那么（$\mathbb{R}$，+，·）就称为“环”。若（$\mathbb{R}$，·）（即该集合在“ · ”运算下）还满足交换律，那么集合$\mathbb{R}$称为交换环。

② 所谓“幺元环”，原文修饰用词是“unital”（该词日常极少见），实际指含有乘法恒等元的环。数学上“乘法恒等元”又称“幺元”，或“单位元”，因为多用“1”表示。文中“域”（Field）的引入比较纠缠。更简单地说，集合$\mathbb{F}$带有两种运算，符号同上。若（$\mathbb{F}$，+）是含加法中性元“0”的阿贝尔群，而（$\mathbb{F}\backslash\{0\}$，·）是除零元素外是含乘法恒等元“1”的阿贝尔群；并且两种运算满足分配律，那么（$\mathbb{F}$，+，·）就称为“域”。而（$\mathbb{Z}\backslash\{0\}$，·）不是群，因为除$\{-1, +1\}$外，集合中没有元素有乘法逆元；所以$\mathbb{Z}$不是域。

上述条件而被称为“域”。另一方面，所有实系数多项式的集合$\mathbb{P}$构成了一个交换幺元环，而不是域。

我们在第二章中证明了如下结论，即$a\times0=0$，而a的加法逆元$-a$是唯一的。尽管我们在进行那些讨论时将字母a视作一个整数，但符号a可以表示任意一个交换环的任何成员，因为该
77 讨论仅基于这种场合下适用的法则。因此，这些结果特别适用于多项式的环$\mathbb{P}$。此外，二项式定理在任何交换环中都成立，所以二项式$(x+y)^n$中的符号x及y可以代表多项式，而定理的结论同样有效。

虽然这些都是非常简单的结论，集合$\mathbb{P}$却与$\mathbb{Z}$有更多的共同点，因为某个形式的欧几里得算法也适用于多项式：对于任意多项式$p(x)$和$q(x)$来说，我们可以找到唯一一个首一多项式$g(x)$，其在如下意义上是$p(x)$和$q(x)$的最大公约式，即$p(x)$和$q(x)$的其他任何此类公因式本身就是$g(x)$的因式。这就确保了环$\mathbb{Z}$与$\mathbb{P}$共享其他更为微妙的代数性质，此类性质涉及其内部构造，称为它们的理想结构。对此，这里不再进一步详细阐述，但该结构对于研究其性质是至关重要的。

我们马上会暂且搁置这些抽象的考察；不过继续推进的思路是，各种类型的代数已经被定义了，而相应处那些考察中的集合都需要满足某套特殊的代数法则。诸法则的一个特定约定之所以是关注的焦点，是因为已经发现某些重要但不同的代数对象集合都有这些性质；因此，值得在整体普遍性上研究特定类型的代数，而群、环及域便是三个恰当的示例。

不过，在继续讨论之前，我们还有个特别适用于整数的观察。之前的篇幅中，我们证明了任何含零的乘积都等于零：$a\times0=0$。

其逆命题成立吗？换句话说，若整数的乘积$ab=0$，我们可以推断因式中至少一个因子比如a或b必为0吗？

整数环的情况下，答案是肯定的；而有此性质的交换幺元环被称为整环，以彰显这类整数的性质。我们能看出这是正确的， 78
即观察到集合$\mathbb{Z}$可被认为是嵌入其分式域$\mathbb{Q}$之中的。我们如果在集合$\mathbb{Z}$中有$ab=0$，那么在集合$\mathbb{Q}$中也有$ab=0$；接下来要么$a=0$，若不是的话，我们可以在该等式两边同乘以a^{-1}，从而得到

$$(a^{-1}a)b=a^{-1}\cdot 0 \Rightarrow 1\cdot b=0,$$

于是，$b=0$；因此，若$ab=0$，那么a与b中至少有一个是0。

我们尽管通常不能在像整数那样的整环内进行除法运算，但可以自由消去相应项，因为整环的独特性质正是保证这一点所需要的。假设我们在整环中有$ab=ac$，其中$a\neq 0$，那么$ab-ac=a(b-c)=0$，而由于a不等于0，便得出$b-c$这一项为0，也就是说$b=c$；于是我们可以从$ab=ac$两边约去公因子a。并非每个交换环都有这个特性。正如我们将在后续章节中所见，存在一些交换环，其并不是整环（于是无法被嵌入一个域中）。实际上，这些环的成员可以是整数——不过，加法与乘法运算有些不同。

模算术：运算法则

我们现在着手对整数模n所构建的环确立代数法则。模算术往往被称作“时钟算术”，好比我们想象有一个表盘，上面有n个数，即0，1，…，$n-1$，并且我们在这个表盘上进行运算；这意味着每当你越过$n-1$时就再次回到0，这样的方式让人不由

联想到时钟、旋转栅门或日历周期。这听起来都很简单且无关紧要，不过恰恰相反。现代密码学便是以时钟算术为基础；假如一切都很简单，那么有赖于此的代码也会很容易被破解，但那些代码却并非如此不堪一击。除法运算下会出现余数；其游移而不可预测的方式，居于这一切的核心位置。从算术时钟的角度来判别两个整数在何处本质上是同一个数，就是我们的起始
79 之处。

如果$n|a-b$，我们便称两个整数a与b等价或关于模n同余。也就是说，对于某个整数k有$a-b=kn$；或者，如果你乐意，可以记作$a=b+kn$。直观上来说，假如a和b在划分为n小时的时钟表盘上指向同一时间，那么a与b相等。我们用等式$a\equiv b \pmod n$来表示关于模n的同余。

这个概念的第三种表述方式（也许是最重要的）：当且仅当a与b除以n时有相同的余数，那么有$a\equiv b \pmod n$。例如，$22\equiv 40 \pmod 6$，因为22及40在除以6时都余4。

同余符号是用来表示相当于等价的对象，而这是由如下基本考察所证实的，即：$a\equiv a \pmod n$；若$a\equiv b \pmod n$，那么同样有$b\equiv a \pmod n$；与平常的相等关系一样，同余符号有传递性，因为若$a\equiv b \pmod n$而$b\equiv c \pmod n$，那么有$a\equiv c \pmod n$，正如这三个数字除以n时一定会得出相同的余数那样。这三条性质导出的结论是，模n同余将整数分为n个等价类，正如它们被称作的那样。例如，对于$n=4$，四个类分别是

$$\{\cdots, -8, -4, 0, 4, 8, 12, \cdots\},$$

$$\{\cdots, -7, -3, 1, 5, 9, 13, \cdots\},$$

$$\{\cdots, -6, -2, 2, 6, 10, 14, \cdots\},$$

$$\{\cdots, -5, -1, 3, 7, 11, 15, \cdots\}。$$

使得$-3 \equiv 9 \pmod 4$，$24 \equiv 0 \pmod 4$，依此类推。模n同余的n个类，通常记作$[0]$，$[1]$，$[2]$，…，$[n-2]$，$[n-1]$。这些类中每一类的代表，即0，1，2，…，$n-1$，称作模n的最小剩余[①]；也就是说，一个整数除以n时，它们是可能的n种剩余。每个整数都在并且仅在n个剩余类的某一个类中。

模算术就是关于怎么来处理这些最小剩余类，而鉴于它们代表无数个集合，这听起来可能让人却步。无论如何，你已经习惯了这样一个思路，即像2/3这样的一个分数等于，或更准确地 80
说，相当于无限个形如$2m/3m$这样的分式中的任何一个。这不会造成任何麻烦，只要我们确信支配分式运算的法则。可取之处在于，一个分式有一个独特代表，即已约至最简项的分式，这就是我们在可能的情况下往往要用到的。然而，有时未完全约分的分式会在计算过程中出现。差不多的方式，最小剩余是其模n等价类中的最小非负成员；而我们通常会用这些代表进行运算，且同时意识到有时用其他代表可能也很方便。

不过，我们需要了解支配这一新算术的代数法则，而这就是我们接下来要构建的。

符号$a \equiv b \pmod n$明显暗示了普通的相等关系，从而诱使我们满足于我们自学生时代以来就已用于实践的同类代数运算。若不是这种情况，那么符号的选择便会不合适。然而，我们会发现，模算术的法则虽然相似，但与那些普通加法及乘法法则

① 严格来说，应指模n的最小非负剩余。

并不相同。

我们没有摆出本节中列举的所有结论的完整证明。不过，这些推断都源自同余的定义，以及数基于除法的基本性质，在任何有关数论的教科书中都能找到。

我们从一个简单的观察开始，即 $(a+c)-(b+c)=a-b$，由此得出，当且仅当 $a+c\equiv b+c\ (\mathrm{mod}\ n)$ 时有 $a\equiv b\ (\mathrm{mod}\ n)$，使得我们可以在同余式两边任意加上任何整数，就像这些等式通常被称作的那样（于是也可以减去任何整数）。这一事实确保了，无论何时，只要 $a\equiv b\ (\mathrm{mod}\ n)$ 成立，我们就可以在任何模 n
81 的同余式中把 $a+c$ 替换成 $b+c$。

接下来是同余关系的其他良好性质，可以通过诸如上述那样的讨论来加以解释。例如，若 $a_1\equiv a_2\ (\mathrm{mod}\ n)$ 且 $b_1\equiv b_2\ (\mathrm{mod}\ n)$，那么有 $a_1+b_1\equiv a_2+b_2\ (\mathrm{mod}\ n)$。这实际上立刻为我们提供了同余类上的加法运算。因为它是在说，当我们将两个模 n 的数相加时，结果归入哪个类并不取决于用哪些数来表示和式中的那些类。例如 $15+11\equiv 3-1\equiv 2\ (\mathrm{mod}\ 12)$，因为 $15\equiv 3\ (\mathrm{mod}\ 12)$ 且 $11\equiv -1\ (\mathrm{mod}\ 12)$。

我们称这种借助于类代表的剩余类加法为模 n 加法，并用 $(\mathbb{Z}_n, +)$ 来表示模 n 加法在“+”运算下最小剩余的集合 $\{0, 1, 2, \cdots, n-1\}$[①]。该数系的加法恒等元是0，并且加法运算满足交换律及结合律。这样一来，我们有了一个完备的阿贝尔群，这是由于 $\mathbb{Z}_n$ 中每个元素 a 都有 $n-a$ 作为其逆元，因为 $a+(n-a)=n\equiv 0\ (\mathrm{mod}\ n)$。

① 故“$\mathbb{Z}_n$”称为整数模 n 的剩余集。“代表”是数学术语，英文作“representative(s)”；也有汉译作“代表元”。

对于乘法，用与加法类似的方式有如下结果：$a\equiv b\ (\mathrm{mod}\ n)$ 蕴含 $ac\equiv bc\ (\mathrm{mod}\ n)$，我们由此推出，$a_1\equiv a_2\ (\mathrm{mod}\ n)$ 连同 $b_1\equiv b_2\ (\mathrm{mod}\ n)$ 蕴含 $a_1b_1\equiv a_2b_2\ (\mathrm{mod}\ n)$。因此，就像加法运算那样，我们可以在含有乘法的表达式中替换任意数，即用其模 n 同余类的其他任何数来替换；而结果与原式是模 n 同余的。此外，同余类可以借助其代表相乘，而结果与我们所用的代表无关。而且，乘法的交换、结合及分配的性质都成立，因为这些法则对整数都有效。总之，我们现在得到了一个带乘法恒等元1的交换幺元环，记作 $(\mathbb{Z}_n, +, \times)$。

我们在上一节中指出，整数的环也是整环，而将消去的性质赋给了 $\mathbb{Z}$ 的乘法[①]。该性质是否也能由其“像”$\mathbb{Z}_n$ 继承呢？回答通 82
常是否定的，因为若 n 是一个合数，比如 $n=ab$，那么 a 及 b 模 n 的剩余均不为0，但 $ab=n\equiv 0\ (\mathrm{mod}\ n)$。因此，我们并不能任意消去相关项：例如，$15\times 6\equiv 11\times 6\equiv 18\ (\mathrm{mod}\ 24)$，但我们无法消去公因数6而得出 $15\equiv 11\ (\mathrm{mod}\ 24)$ 这样的结论，因为那显然是错的。

至于例外，一个重要的类是环 $\mathbb{Z}_p$ 所构成的，其中 p 是素数，因为这时欧几里得引理过来解围了：若 $ab\equiv 0\ (\mathrm{mod}\ p)$，那么 $p|ab$，使得 $p|a$ 或 $p|b$，也就是说 $a\equiv 0\ (\mathrm{mod}\ p)$ 或 $b\equiv 0\ (\mathrm{mod}\ p)$，确切地说 $\mathbb{Z}_p$ 是个整环。实际上，这就使 $\mathbb{Z}_p$ 成为域，因为任何有限整环 F 都是域。(这是因为消去律告诉我们，对于 F 中任何非零元素 a，形如 ab 这样乘积组成的列不会有重复，于是由有限性必然穷尽整个 F：特别是，某个乘积 ab 必定等于乘法恒等元1，

① 指该运算满足“消去律”。

于是a的确有逆元，也就是数b。）因此，对于任意素数p，整环$\mathbb{Z}_p$是一个含p项元素的有限域。已经证明，存在其他的有限域（实际上，对于每个素数幂p^n，确实存在一个有限域），不过就没有其他的了。该主题我们会在最后一章重新考察。

回到本章的主题，即环$\mathbb{Z}_n$，仍然存在一种对任何同余符号都有效的消去形式。让我们用d表示c与n的最大公约数。那么$ac \equiv bc \pmod{n}$蕴含$a \equiv b \pmod{n/d}$。比如说，我们可能希望从等式$24a \equiv 60b \pmod{93}$消去同余式中的公因子c，$c = 12$，而$n = 93 = 3 \times 31$。因此，c与n的最大公约数是$d = 3$，接着我们得出$2a \equiv 5b \pmod{31}$。也就是说，你可以确定$2a - 5b$是31的倍数，而不必是较大的那个初始模93的倍数。

我们来关注算术模n相对于非模n的普通类型的一大优势，
83 并以此结束本节。正是由于只存在n个不同的待考察的可能性，重要的事实往往都可以通过测试全部所涉及的n个数来验证。例如，我们接下来证明，三个平方数之和$a^2 + b^2 + c^2$永远不会写成$8k + 7$这种形式。

要理解这一点，我们不用最小剩余即$\{0, 1, \cdots, 7\}$来展示八个同余类，而是用集合$\{-3, -2, -1, 0, 1, 2, 3, 4\}$来代替，因为该集合更便于处理平方运算。任何如$a^2$这样的平方都等于模8而余$\{0, 1, 4\}$中的一个数；例如，若$a \equiv -3 \pmod{8}$，那么$a^2 \equiv (-3)^2 = 9 \equiv 1 \pmod{8}$。由此得出，三个平方之和模8，便等于可能性集合中的三个数即0、1、4（允许重复）之和。我们发现，可以在这些法则下生成0至6（例如，$6 = 1 + 1 + 4$）这几个数，却无法生成7。因此我们得出，对于任何三个平方数，$a^2 + b^2 + c^2 \not\equiv 7 \pmod{8}$。数论中一个著名的定理是，任何非负整数都是四个平方数之和[①]。不过，前面的计算表明，存在无限多个正整数，诸如7、15、23、31等，并不是三个平方数之和。

求解线性同余

我们已经描述了环$\mathbb{Z}_n$的一般代数结构，接下来便要展示如何在这样的环中求解线性方程，即形如$ax + c \equiv d \pmod{n}$的方程。当然，从该方程两边同减去c毫无困难，于是真正的问题是，我们如何求解形如$ax \equiv b \pmod{n}$的同余式？

要见证即便最简单的同余式所展现的特性范围，我们不妨来考察如下一组三个几乎相同的式子：

$$3x \equiv 2 \pmod{6}，5x \equiv 2 \pmod{6}，4x \equiv 2 \pmod{6}。 \quad (27)$$

我们通过验算六个可能的数值发现，第一个同余式根本无解，第二个有4这个唯一的解，而第三个有两个解，即2和5。 84

下述定理给出了$ax \equiv b \pmod{n}$的解的个数。我们令d为a与n的最大公约数。若d不是b的因数，那么同余式无解；但d若是其因数，则存在d个解。

这与我们刚刚观察的（27）式中的三个方程是一致的。第一个算式无解，因为3和6的最大公约数是3，它不是2的因数。第二个同余式中，5和6的最大公约数是1，并且1当然是2的因数，而我们这第二个式子实际上确实有一个解。对于最后一个算式，相关的最大公约数$d = 2$，即4和6的最大公约数；而由于$2|2$无疑是对的，所以我们于此期待并得到两个解，以上所有都

① 该性质的第一个证明由拉格朗日于1770年给出，故通常又称作“拉格朗日四平方数和定理”。

与该定理的一般描述一致。

要弄明白我们必须有 $d|b$ 才好求出一个解，不妨让我们假设 $ax \equiv b \pmod{n}$，由此有 $ax - b = kn$，或者比方说让等式左边仅含 b，即 $b = ax - kn$。因此，a 和 n 的任何公因数也必须整除 b，并且尤其得整除 d，即 a 与 n 的最大公约数。

如第三章中所提示的，域中的线性方程 $ax = b$ 有唯一的解，即 $x = a^{-1}b$，所以让我们从 n 为素数的情况开始，因为就此我们由上一节知道 $\mathbb{Z}_n$ 的确是域。

形式上，解由 $x = a^{-1}b$ 给出，不过如何求得 a^{-1} 的问题依然存在。让我们举个例子，$6x \equiv 14 \pmod{31}$。由于 31 是素数，而我们是在域中进行运算，所以我们确实可以消去并化简为 $3x \equiv 7 \pmod{31}$。求解该问题最简单的方法是，接着把模的倍数加到式子右边，直到我们可以消去剩余的系数 3，于是我们考察序列 $7,\ 7 + 31 = 38,\ 38 + 31 = 69,\ \cdots$ 现在我们从 $3x \equiv 69 \pmod{31}$ 求出答案，即 $x \equiv 23 \pmod{31}$。也就是说，23 是原同余式的唯
85 一最小剩余的解。

然而，在模为合数的情况下，可能有不止一个解，就像我们在（27）式中所看到的那样。不过，同余式可以这样来求解，即将模的倍数加到式子右边，直到 x 的系数被消至 1 为止。（该方法之所以行得通，是基于欧几里得算法的反向运算。）接着，完整的解集由基本解比如说 x 组成，对此我们可以加上 $n' = n/d$ 的倍数，直到我们得到全部 d 个解，如下面两道题例所示。

对于 $4x \equiv 2 \pmod{6}$，我们有 $d = \gcd(a,\ n) = \gcd(4,\ 6) = 2$。我们可以消去 2，从而得到 $2x \equiv 1 \pmod{3} \Leftrightarrow 2x \equiv 4 \pmod{3} \Leftrightarrow x \equiv 2 \pmod{3}$。于是，原同余式的最小剩余的完整解集，便由此

例中$x=2$这个基本解组成。对此，我们可以加上额外的一个解（$d-1=2-1=1$），即：

$$x+n'=x+\frac{n}{d}=2+\frac{6}{2}=2+3=5。$$

一个更具挑战性的例子是

$$30x\equiv 24\ (\mathrm{mod}\ 57)。$$

此处，$a=30$，$b=24$，$n=57$，$d=\gcd(30,57)=3$，于是有

$$n'=\frac{n}{d}=\frac{57}{3}=19。$$

由于$3|24$，我们消去相应项并得到$10x\equiv 8\ (\mathrm{mod}\ 19)$。我们现在有了一个素数模连同一个唯一解，可以再次方便地进行消去运算而求得$5x\equiv 4\ (\mathrm{mod}\ 19)$。我们考察数列$4+19n$来求得5的倍数：

$$4,\quad 4+19=23,\quad 23+19=42,\quad 42+19=61,\quad 61+19=80。$$

因此$5x\equiv 80\ (\mathrm{mod}\ 19)$，于是$x\equiv 16\ (\mathrm{mod}\ 19)$。由于$d=3$，所以我们总共有三个解；而由于$n'=19$，所以这些解即16，$16+19=35$，以及$35+19=54$。 86

第七章

矩阵概览

矩阵是遍布数学而用于高级计算的核心代数工具，在物理学与社会科学领域同样如此。19世纪下半叶，矩阵的引入使数学家意识到，除了数域之外还有重要的代数系统；而他们的研究促进了20世纪初抽象代数的发展。

矩阵及其运算

作为这样或那样一种聚合体，“矩阵”一词在科学中有多种意思。该词在数学中的意思，更类似于其在电影《黑客帝国》（*The Matrix*）中的用法。电影中，角色们活在一个虚拟世界，而那个世界经由编码成了巨型计算机上一个宠大的二进制阵列。确实，一个矩阵只是由某类数组成的矩形数组。例如，

$$A=\begin{bmatrix}9&0&3&1&4\\2&8&4&7&0\\1&1&5&4&4\end{bmatrix},\quad B=\begin{bmatrix}-1&0&4&2&0\\-1&4&3&2&3\\-1&0&6&-1&12\end{bmatrix}$$

A和B这两个矩阵有相同的行数与列数，即各有3行及5列。不过，一个矩阵可以有任意行数和列数，比如m和n。因此，A、B为3×5的矩阵；而$n\times n$的矩阵自然就被称作方阵。 87

有些自然且简单的运算可以在矩阵上执行。首先是标量乘法，矩阵中的各元素同乘以一个定值：我确信，读者可以毫无困难地写出矩阵$2A$以及$-3B$。行列数相同的两个矩阵，可以相加（或相减），即通过加上（或减去）各对应元素，从而构成一个与原矩阵行列数相同的新矩阵。实际上，对于任何乘数a与b，我们都可以构造形如$aA+bB$的线性组合。例如，

$$2A-3B=\begin{bmatrix}21 & 0 & -6 & -4 & 8\\ 7 & 4 & -1 & 8 & -9\\ 5 & 2 & -8 & 11 & 28\end{bmatrix};$$

比如说，式中位于（3，1）即第3行第1列的那个元素，即由如下计算得出$2(1)-3(-1)=2+3=5$。

这都很简单；但不妨问一下，我们究竟为什么想要考察这种思路？我们希望通过引入这些数组来解决什么问题？

使矩阵变得重要起来的是其相乘的方式，因为这是一种全新的运算，会出现在大量含多变量的问题之中；而涉及多变量正是现实世界复杂情况的特征。不过，在我们继续就此讨论之前，值得注意的是，上面的定义允许矩阵加法满足交换律及结合律，即对于$m\times n$矩阵A、B和C有

$$A+B=B+A,\quad A+(B+C)=(A+B)+C。$$

这些事实直接由适用于各普通数的相应法则导出。对于标

量a、b和c，我们也有如下法则：

88 $$(ab)A=a(bA),\quad a(A+B)=aA+aB,\quad (a+b)A=aA+bA。\tag{28}$$

这没什么让人惊讶的；但确实提醒我们，代数法则可以适用于其他不同的代数系统，诸如数域$\mathbb{Q}$及$\mathbb{C}$。

矩阵概念有着漫长的历史。中国古籍《九章算术》（成书于公元前250年前后）因如下示例而颇具特色，即首例运用数组方法来求解联立方程，包括行列式的概念（此为第九章的主题）。这个概念首次出现于欧洲，是在16世纪卡尔达诺的著作《伟大的艺术》里，即第五章中谈及与三次方程的解相关的内容时提到过。

大约1850年起，英国数学家詹姆斯·西尔维斯特同朋友阿瑟·凯莱一道①，做了许多工作来构建矩阵及行列式理论；该理论凭自身特性成为数学的一个分支。而凯氏则是引入群这一正式概念的第一人。在20世纪，矩阵理论无法阻挡地出现在数学物理②的许多分支里，特别是量子力学中。

要执行矩阵乘法，我们把第三章一则题例中的一组二元一次方程写成矩阵形式。因为该问题由未知数的系数连同方程右边来确定，所以我们区分考虑系数矩阵，并以如下方式把这组方

---

① 詹姆斯·西尔维斯特（James Sylvester，1814—1897），英国数学家，在矩阵理论上有过重要研究。西氏发现了三次方程的判别式，并首先将“判别式”一名用于高次方程。阿瑟·凯莱（Arthur Cayley，1821—1895），英国数学家。他最重要的工作是创立了不变量理论，发展了矩阵代数，在非欧几何、n维几何等方面也有重要贡献。

② 数学物理是物理学与数学相互交叉的一门学科，其研究往往从物理学中汲取灵感或动机，而旨在发展解决物理问题的数学方法，研究中强调数学的严谨性。在此意义上，该学科可以说是受物理现象启发的数学，处理物理问题时甚至会促成新的数学分支的研究。

程写成一个单独的矩阵方程：

$$\begin{matrix} -2x+5y=34 \\ 3x+4y=-5 \end{matrix} \Leftrightarrow \begin{bmatrix} -2 & 5 \\ 3 & 4 \end{bmatrix}\begin{bmatrix} x \\ y \end{bmatrix}=\begin{bmatrix} 34 \\ -5 \end{bmatrix}。$$

要使矩阵方程代表矩阵乘积，我们需要

$$\begin{bmatrix} -2 & 5 \\ 3 & 4 \end{bmatrix}\begin{bmatrix} x \\ y \end{bmatrix}=\begin{bmatrix} -2x+5y \\ 3x+4y \end{bmatrix}。$$

我们将上式右边看作该式左边两个矩阵的乘积，可见其第一行元素，即 $-2x+5y$ 等于第一个矩阵第一行的第一个元素 -2 89
乘以列矩阵 $\begin{bmatrix} x \\ y \end{bmatrix}$ 的第一个元素，再加上第一行的第二个元素乘以列矩阵的第二个元素。另一方面，$3x+4y$ 等于 2×2 矩阵的第二行第一个元素乘以列矩阵第一个元素 x，再加上第二行第二个元素乘以列矩阵第二个元素。这就是矩阵乘积通常的运算方式，即第一个矩阵各行与第二个矩阵各列相乘后求和。为此，我们需要第一个矩阵行的长度来匹配第二个矩阵列的长度。另一种表述方式是说，第一个矩阵的列数必须等于第二个矩阵的行数。

话虽如此，我们还是要确切地叙述如下：我们令 A 是一个 $m\times n$ 矩阵，B 是一个 $n\times k$ 矩阵，乘积 $C=AB$ 将是一个 $m\times k$ 矩阵；也就是说，该乘积有同左边矩阵 A 一样的行数，而有与右边第二个矩阵 B 一样的列数。一个只有单行的矩阵称作行向量；同样，一个只有单列的矩阵则是列向量。

下面这个示例，是一个 2×3 矩阵 A 乘以一个 3×2 矩阵 B，得出一个 2×2 矩阵：

$$AB=\begin{bmatrix}1 & 2 & -1\\ -1 & 0 & 1\end{bmatrix}\begin{bmatrix}1 & -2\\ 0 & 3\\ -1 & 0\end{bmatrix}=\begin{bmatrix}2 & 4\\ -2 & 2\end{bmatrix}。$$

例如，乘积右上角的那个元素是4，即通过取A第一行和B第二列的标量积（或称作点积）可得

$$1\times(-2)+(2\times3)+(-1\times0)=-2+6-0=4。$$

现在，让我们来计算AB换位后的乘积：

90

$$BA=\begin{bmatrix}1 & -2\\ 0 & 3\\ -1 & 0\end{bmatrix}\begin{bmatrix}1 & 2 & -1\\ -1 & 0 & 1\end{bmatrix}=\begin{bmatrix}3 & 2 & -3\\ -3 & 0 & 3\\ -1 & -2 & 1\end{bmatrix}。\qquad(29)$$

这一题例表明，矩阵乘法出乎意料地没有服从交换律。矩阵AB和BA无疑并不相等，因为它们甚至没有相同的维度。而这种不友好的特征并非长方形矩阵特有。如果你写下两个$n\times n$矩阵，比如A和B，那么AB和BA都会是$n\times n$矩阵，但除此以外它们可能会完全不同。

矩阵乘积的一般描述如下：令$A=(a_{ij})$是一个$m\times n$矩阵，这表示第i行第j列的那个元素为a_{ij}；同样，用$B=(b_{ij})$来表示一个$n\times k$矩阵，那么乘积$C=AB$便有各元素(c_{ij})，此处c_{ij}是A的第i行与B的第j列的标量积，其值为

$$c_{ij}=a_{i1}b_{1j}+a_{i2}b_{2j}+\cdots+a_{in}b_{nj}。\qquad(30)$$

（30）式是说，c_{ij}等于A的第i行的第一个元素乘以B的第j

列的第一个元素，加上第i行的第二个元素乘以第j列的第二个元素，并依此类推。

关于（29）式中的乘积BA，有些特殊的内容。如果我们将BA的行向量从上到下标记为$\mathbf{r}_1$、$\mathbf{r}_2$、$\mathbf{r}_3$，你会注意到 $\mathbf{r}_1+\frac{2}{3}\mathbf{r}_2+\mathbf{r}_3=0$，这里$\mathbf{0}=(0,0,0)$，即零向量。我们说，矩阵$BA$的各行是性线相关的，因为某一行可以用其他行来表示：比如，这里我们可以写成 $\mathbf{r}_1=-\frac{2}{3}\mathbf{r}_2-\mathbf{r}_3$。这是个实例，涉及某种普遍现象，正如我们接下来要解释的那样。

对于任意矩阵M，其行秩是我们在矩阵中可以确定构成线性无关组[①]的最大行数；这意味着没有哪一行是其他行的线性组合，即相应倍数之和。当然，我们可以在这个定义中将“行”换成“列”字，并以相同的方式来定义M的列秩。例如，矩阵BA的前两行是线性无关的，因为没有哪一行是另一行的相应倍数；但正如我们所见，全部三行并不构成一个线性无关组，因为$\mathbf{r}_1$是 91
$\mathbf{r}_2$和$\mathbf{r}_3$的线性组合。因此，矩阵BA的行秩为2。

有个值得注意的定理告诉我们，行秩与列秩始终相等，而这个共有值自然就被称作矩阵的秩。而且，你无法从线性相关性构造出线性无关性。这意味着，一个矩阵的秩不可能通过取其同另一个矩阵的乘积而变大[②]；或者用如下符号来表示：

$$\text{rank}(AB)\leqslant\min(\text{rank}(A),\ \text{rank}(B))。\qquad(31)$$

特别地，由于我们的3×3矩阵可以分解成秩最大均为2（因

① 数学上通常称为“极大线性无关组”。
② 该性质，汉语更一般的表述是，矩阵乘法不会增秩。

为第一个矩阵只有2列而第二个只有2行）的矩阵的乘积，所以矩阵BA的秩必定不会超过2。实际上，正如我们已经指出的那样，rank（BA）为2。

不过，在结束本节之前，我们要赶紧指出，矩阵确实遵守其他代数法则。重要的是，矩阵乘法服从结合律，并且对加法满足分配律。所以，对于任意三个矩阵A、B和C，只要下列各式的一边存在，那么另一边也存在并且相等：

$$A(BC)=(AB)C,\quad 且A(B+C)=AB+AC。$$

这些法则中的每一条都是由实数域上成立的相应法则导出的。分配律容易验证，但乘法的结合律不大明显。不过，仔细计算每一乘积中特定位置的元素，会显示出乘积ABC与你如何标括号无关；而这最终是普通乘法结合律的结果。

网　络

矩阵及其乘法的应用，最直接且最富有成果的方式之一是
92 表示网络。比如考察图13中的网络，其中四个节点表示A、B、C、D四座城市，并且我们已经画出一条连接两个节点的连线，如果一家航空公司在该航线上飞行的话。注意，两家航空公司在城市A与B之间飞行，而每一家由网络中的一条线表示。

可以将网络N的所有信息纳入通常所说的N的关联矩阵M。我们就以某种方式对节点编号；这里，我们遵循字母顺序，并就本例写成一个4×4矩阵，其中位置（i，j）上的元素是自节点i至节点j的连线数量。来看看，我们写出M并计算其平方时会发生什么：

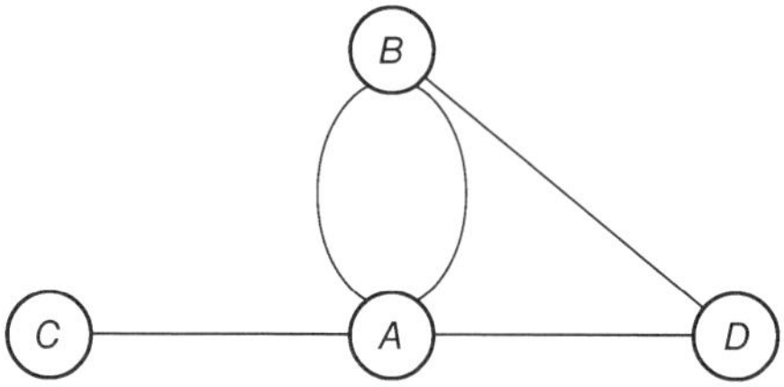

图13　城市及航线网络

$$M^2=\begin{bmatrix}0&2&1&1\\2&0&0&1\\1&0&0&0\\1&1&0&0\end{bmatrix}\begin{bmatrix}0&2&1&1\\2&0&0&1\\1&0&0&0\\1&1&0&0\end{bmatrix}=\begin{bmatrix}6&1&0&2\\1&5&2&2\\0&2&1&1\\2&2&1&2\end{bmatrix}。$$

矩阵乘积M^2的诸元素告诉你，从一座城市经另一座城市到第三座城市有多少种旅行路径。例如，从D（经A）到B有两条通路，至B有5条往返行程（一条经由D；但经由A有$2\times2=4$条，因为你在每段旅程上都有2条航线选择）。差不多的方式，M^3和M^4以及更一般化的M^n都是矩阵；其在位置（i,j）上的元素会告诉你自节点i至节点j的长度为n的路径数。由于我们假设诸线路允许在两个方向上无差别通行，所以M及其各幂次的 93 关联矩阵是对称的；这意味着（i，j）和（j，i）上的元素始终相等。但为什么矩阵乘法会自动明了所有这一切呢？

试问，我们会如何计算一个网络中从节点i到节点j且经由任意选择的第三个节点k的路径总数。对于任何特定选择的中间节点k，我们将计算i和k之间的所有路径（可能为零），并用该数乘以从k到我们目标节点j的路径数。这会告诉你，从i经由k再到j有多少条长度为2的路径。我们接着对涉及k所有可能值的这些数求和，以便得出从i到j的长度为2的路径总数。不管怎么说，当你用矩阵M的第i行与第j列组合来构造乘积时，这确实就是你所求得的和，从而算出矩阵乘积M^2中（i，j）上的元素。

不同类型的关联矩阵，被用来记录各网络的相关信息；而接下来，这些矩阵的代数特性对应于网络的特征计算并使其成为可能。实际上，网络理论是线性代数的主要应用之一，而后者则是代数的分支，主要以矩阵及矩阵运算来呈现。

比如，我们接下来讲解网络N的基尔霍夫矩阵K。首先，我们将网络N中一个节点A的度定义为与A直接相连之边的总数。例如，在图13的网络中，A的度是4。事实上，第i个结点的度必定等于矩阵M第i行元素之和（同理，由对称性，也等于第i列的和）。对于含n个结点的网络N，令D为这样一个$n \times n$矩阵，其除主对角线（即矩阵从左上到右下的对角线）外完全由零元素组成，而主对角线（i，i）上的元素是第i个结点的度。对于该实例中的网络N，我们可以写成$D = \mathrm{diag}$（4，3，
94 1，2），其中所用符号是自明的。通常，如果方阵D的非零元素仅位于主对角线上，那么我们便将其称为对角矩阵。我们现在将N的基尔霍夫矩阵K定义为$D - M$。对于我们这个例子，便可得到

$$K = D - M = \begin{bmatrix} 4 & 0 & 0 & 0 \\ 0 & 3 & 0 & 0 \\ 0 & 0 & 1 & 0 \\ 0 & 0 & 0 & 2 \end{bmatrix} - \begin{bmatrix} 0 & 2 & 1 & 1 \\ 2 & 0 & 0 & 1 \\ 1 & 0 & 0 & 0 \\ 1 & 1 & 0 & 0 \end{bmatrix}$$

$$
= \begin{bmatrix} 4 & -2 & -1 & -1 \\ -2 & 3 & 0 & -1 \\ -1 & 0 & 1 & 0 \\ -1 & -1 & 0 & 2 \end{bmatrix}。
$$

注意，在任何基尔霍夫矩阵中，每一行元素之和为零；且由对称性，每一列元素之和也为零。

借助K，可以计算网络N中通常称作生成树的数量。树是一个网络，其不包含循环，但其中任意两个结点间总有一条路径：等价的表述是，树是一个其中任意两结点间有唯一一条路径的网络。一个网络的生成树，是在包含所有结点的网络之内的一棵树。例如，路径$C-A-D-B$表示N中的一棵生成树；读者应该能找出其他四棵生成树。矩阵K允许你计算N中的生成树的数量，而无须明确写下所有这样的树。要解释矩阵K是如何做到这一点的，需要矩阵行列式的概念，这是第九章的主题，届时我们会重新考察这个问题。

几何应用

矩阵的另一种应用是几何变换。作为一种手段，我们可以用任意给定的2×2矩阵A，在笛卡尔平面上通过如下方式构造一个点$P(x, y)$的映射，也就是把P的坐标写成一个列向量（这种场合下称为位置向量），并用A乘以该向量从而给出一个新的点。例如， 95

$$
\begin{bmatrix} 0 & -1 \\ 1 & 0 \end{bmatrix}\begin{bmatrix} x \\ y \end{bmatrix} = \begin{bmatrix} -y \\ x \end{bmatrix}。
$$

本例中，矩阵将每个点（x，y）绕原点逆时针旋转90度至点（$-y$，x）（见图14）。

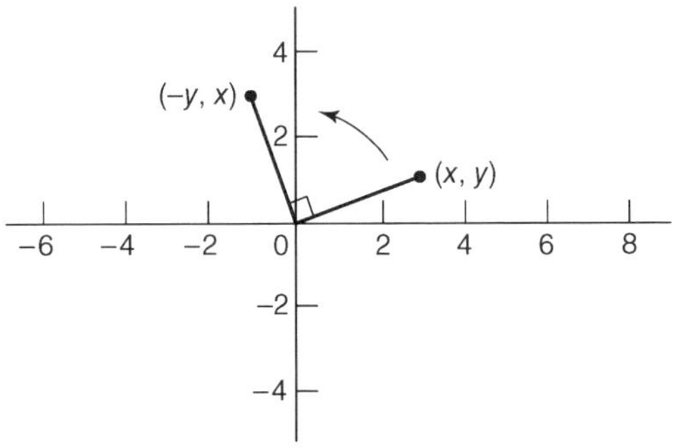

图14　矩阵变换的几何展示

我们可用这种方式构造的平面变换也被称作映射，它有着非常特殊的性质；这些性质是矩阵所遵循的代数法则的结果。

我们先大致来描述这些变换，而不提及矩阵。为方便起见，我们把列向量 $\begin{bmatrix} x \\ y \end{bmatrix}$ 记作 $\mathbf{x}$；一般来说，普通列向量会用粗体字母表示。平面上点的变换 L 被称为线性的，若对于任意两个（列）向量 $\mathbf{x}$ 和 $\mathbf{y}$，及每个标量（即实数）r，满足以下两条法则：

$$L(\mathbf{x}+\mathbf{y}) = L(\mathbf{x}) + L(\mathbf{y}), \quad \text{且 } L(r\mathbf{x}) = rL(\mathbf{x})。$$

实际上，以上法则可以合并成一条统一法则，即对于任意两个向量 $\mathbf{x}$ 与 $\mathbf{y}$ 以及两个标量 r 和 s，有下式成立：

$$L(r\mathbf{x}+s\mathbf{y}) = rL(\mathbf{x}) + sL(\mathbf{x})。 \tag{32}$$

我们如果用 L 代表一个 2×2 矩阵，那么这些法则得以遵循，以至于由这种矩阵展开的乘法运算使线性变换成为可能。更让

人惊讶的是，逆命题也是对的：任何线性变换都可以通过一个合 96
适矩阵的乘法来实现，因为我们会按如下方式运算。线性变换的作用取决于其在以下两个基向量上的作用：

$$\mathbf{b}_1=\begin{bmatrix}1\\0\end{bmatrix},\quad \mathbf{b}_2=\begin{bmatrix}0\\1\end{bmatrix}。$$

因为，我们假设

$$L\begin{bmatrix}1\\0\end{bmatrix}=\begin{bmatrix}a\\b\end{bmatrix},\quad 而\ L\begin{bmatrix}0\\1\end{bmatrix}=\begin{bmatrix}c\\d\end{bmatrix}。$$

接着，由于L是线性的，我们运用（32）式，并用x和y来表示乘法标量，便得到下式：

$$L\begin{bmatrix}x\\y\end{bmatrix}=L\left(x\begin{bmatrix}1\\0\end{bmatrix}+y\begin{bmatrix}0\\1\end{bmatrix}\right)=xL\begin{bmatrix}1\\0\end{bmatrix}+yL\begin{bmatrix}0\\1\end{bmatrix}=x\begin{bmatrix}a\\b\end{bmatrix}+y\begin{bmatrix}c\\d\end{bmatrix}$$

$$=\begin{bmatrix}ax\\bx\end{bmatrix}+\begin{bmatrix}cy\\dy\end{bmatrix}=\begin{bmatrix}ax+cy\\bx+dy\end{bmatrix}=\begin{bmatrix}a&b\\b&d\end{bmatrix}\begin{bmatrix}x\\y\end{bmatrix}。$$

因此，任何平面上的线性变换都可以通过由按上述顺序而记下的矩阵A所展开的乘法来实现，其列是两个基向量$\mathbf{b}_1$和$\mathbf{b}_2$在L下的像。

有趣的是，我们如果构造线性映射，也就是说，用两个或多个来进行连续运算，那么结果还是一个线性映射。这可以借助由（32）式所示抽象定义的运算来验证；或者，我们通过指出下述事实也可以看出这一点：两个（或更多）线性映射的复合，可以通过如下方式来实现，即代表各线性变换的矩阵A及B一个接

一个地相乘。这里的意外收获是，由矩阵乘法的结合性，这种组
合可以通过取矩阵的乘积来完成，如$B(A\mathbf{x})=(BA)\mathbf{x}$。这样的
结果是，我们无论进行多少线性变换，都可以找到单独一个有如
下作用的矩阵，即通过取矩阵相应的乘积，按我们指定的顺序依
97 次与这些变换中的每一个进行组合。

进行线性变换有两种方式：一是将平面上的点绕原点旋转一个固定的角度，二是以一条过原点的直线为对称轴进行翻转。例如，让我们求出经如下三个动作而有相应作用的矩阵。对于平面中的每一个点$P(x, y)$，以直线$y=-x$为对称轴进行翻转而得到P的镜像，接着把得到的点（比如记作P_1）围绕原点顺时针旋转90度，最后以x轴为对称轴对该点（比如记作P_2）进行翻转而得到其镜像。要得到完成所有这种运算的单个矩阵，我们需要对这三个变换中的每一个都取矩阵的乘积，其中第一个在最右边，最后一个在最左边。三个矩阵及其乘积如下：

$$\begin{bmatrix}1&0\\0&-1\end{bmatrix}\begin{bmatrix}0&1\\-1&0\end{bmatrix}\begin{bmatrix}0&-1\\-1&0\end{bmatrix}=\begin{bmatrix}0&1\\1&0\end{bmatrix}\begin{bmatrix}0&-1\\-1&0\end{bmatrix}$$

$$=\begin{bmatrix}-1&0\\0&-1\end{bmatrix}=-\begin{bmatrix}1&0\\0&1\end{bmatrix},$$

此处我们自左向右执行了矩阵乘法运算。该矩阵的作用是：

$$\begin{bmatrix}x\\y\end{bmatrix}\mapsto\begin{bmatrix}-x\\-y\end{bmatrix}$$

这表示绕原点转半周（180度），而这就是三个变换的总体作用。

（符号$\mapsto$读作“映射”[①]。）

一种重要的深入理解是源于由矩阵 $A=\begin{bmatrix} a & b \\ b & d \end{bmatrix}$ 所示的一般线性变换，是如何在顶点分别位于原点（0，0）以及（1，0）、（0，1）与（1，1）的单位正方形上运作的。原点保持固定，而其他三个顶点被分别移至（a，c）、（b，d）及（$a+b$，$c+d$）（见图15）。 98

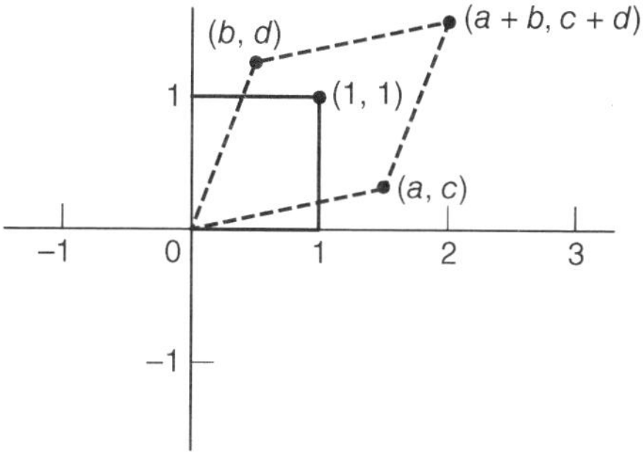

图15　在单位正方形上运作的矩阵

接着，将单位正方形映射到这个平行四边形，可以证明其面积等于$|ad-bc|$。值 $\Delta=ad-bc$ 被称为矩阵A的行列式；它告诉我们，平面上任何图形的面积经矩阵A的变换被拉大（或缩小）了多少。若 $\Delta<0$，那么矩阵A会逆转图的方向；也就是说，假如一个三角形有顶点P、Q和R，且是按逆时针方向排序，则该三角形的像将依顺时针方向有相应的顶点P'、Q'和R'：不脱离平面且不对原三角形进行翻转，是不可能将原三角形置于其像上的。

例如，考察以下矩阵：

① 数学中，该符号用来表示元素之间的映射，以区分集合间的映射。

$$R=\begin{bmatrix}0 & -1\\ 1 & 0\end{bmatrix},\quad S=\begin{bmatrix}1 & 0\\ 0 & -1\end{bmatrix},$$

R将每个点绕原点逆时针旋转90度，而S则以x轴为对称轴进行翻转而得到每个点的镜像。矩阵R既不会改变图形的面积也不会改变其方向，这样一来，其行列式为$\det(R)=(0\times0)-((-1)\times1)=0+1=1$。另一方面，矩阵$S$尽管也不改变面积大小，但确实转换了方向，其行列式的值表明了这一点：

$$\det(S)=1\times(-1)-0\times0=-1。$$

如果$a/c=b/d$，则会出现$ad=bc$，此时有$\Delta=0$这样的特殊
99 情况。这种情况下，两个出自原点而构成矩阵之列的位置向量，以相同的斜率沿着同一条穿过原点的直线行进；而作为像的平行四边形退化为一条线段。任何形状的像于是沿着这条线折叠，所以像的面积为0。不过，还有一个情况，即矩阵A的行列式的绝对值$|\Delta|$，是A所定义之变换下的面积乘数。

代数世界与几何世界的这种交会很重要，而我们已经可以来看手边一则有意思的定理。我们如果依次取两个线性变换，先执行的用矩阵A表示，而后执行的用矩阵B表示，那么用B的乘数再乘以A的乘数便得到面积，这当然必定是乘积矩阵BA的乘数。此外，$\det(BA)$的符号会是$\det(A)$与$\det(B)$的符号之积，因为如果两个映射都保持方向不变或者都逆转方向而不是其他情况，那么BA将保持方向不变。这样的结果是，两个方阵乘积的行列式等于其行列式的乘积；而由于$\det(A)\det(B)=\det(B)\det(A)$，我们便可记作$\det(AB)=\det(A)$

det（B）= det（BA）。

从代数视角来看，这似乎令人惊讶。尽管如此，以上结果却是正确的，也能扩展到更高的维度，并且可以用代数术语来解释。然而，使结论明晰，甚至可以说“显而易见”，却是几何的解释。 100

第八章

矩阵与群

逆矩阵与群

好奇心驱使我们坚持用几何矩阵乘积为示例，来看看我们对相关的映射进行组合时会发生什么。具体来说，现在用R表示将每个点绕原点逆时针旋转四分之一圈（90度）的变换，用S表示以x轴为对称轴的镜像。我们用矩阵来表示，便有

$$R=\begin{bmatrix}0 & -1\\ 1 & 0\end{bmatrix},\quad S=\begin{bmatrix}1 & 0\\ 0 & -1\end{bmatrix}$$

我们希望求出可由R和S生成的变换；这意味着我们可按任何顺序及任何次数来组合R和S，由此来生成那些映射。

首先很明显，由于矩阵S是一个镜像，如果我们用S先后运算两次（我们将其记为S^2），那么总体作用便是将每个点都还原至其初始位置。按照矩阵乘法，我们有

$$S^2=\begin{bmatrix}1 & 0\\0 & -1\end{bmatrix}\begin{bmatrix}1 & 0\\0 & -1\end{bmatrix}=\begin{bmatrix}1 & 0\\0 & 1\end{bmatrix},$$

而后一个矩阵被称为单位矩阵，用I表示。矩阵I乘以任何列向量的作用是返回相同的列向量；因此，我们说I表示使每个点都 101
固定下来的单位变换。更一般地，我们谈到的是$n\times n$矩阵I，记作I_n，这是对角矩阵，其主对角线全部由元素1组成。对于任何行列数满足矩阵乘法要求的矩阵A，我们总有$AI=A=IA$；所以，I在矩阵乘法方面的运算作用，就像乘法单位元1在普通乘法中那样的作用。

在算符上，我们有$S^2=I$，于是我们说S是其自身的逆矩阵。通常，对于方阵A，如果另一个方阵B满足$AB=BA=I$，那么我们说B是A的逆矩阵，并记作$B=A^{-1}$，因为A的逆矩阵若存在，则必定是唯一的。为了看清这一点，假设我们有A的两个逆矩阵B及C，使得$BA=CA=I$成立。接着，我们在该等式右边乘以B，便得到

$$B(AB)=C(AB)\Rightarrow BI=CI,\text{于是}B=C。$$

由定义的对称性得出A同样是B的逆矩阵，因此也有$A=B^{-1}$成立。

可是，并非每个方阵都有逆矩阵：例如，零方阵Z，即其中所有元素为零的矩阵，就不会有逆矩阵，因为对于任何相同行列数的矩阵A，我们有$ZA=AZ=Z$：Z是相当于数0的矩阵。不过，此外还有其他一些奇异矩阵，即没有逆矩阵的矩阵，而我们就此将有更多要说的。

不管怎么样，我们可以直接看出，之前提到的矩阵R确实有

逆矩阵。我们只需问自己，如何来还原借助R进行的运算呢？由于R代表逆时针旋转四分之一圈，我们只需要能使平面沿顺时针方向旋转四分之一圈的矩阵。我们还可以通过在逆时针方
102 向上旋转整圈的四分之三来完成这一运算。引发人们关注这种替代运算的原因是，后一种变换会用R运算三次，或者用我们新的符号来表示，即$R^{-1}=R^3$：

$$R^{-1}=R^3=\begin{bmatrix}0 & 1\\ -1 & 0\end{bmatrix}。$$

我们因此发现，只存在S的两个不同的幂运算，而对于我们的旋转矩阵R则有四个；这给了我们一组变换（因为会得出它是一个群），即$H=\{I, R, R^2, R^3\}$。

回顾第六章可知，群是含一个满足结合律的二元运算的集合，它有一个恒等元，使得群中每个元素相对于该恒等元都有一个逆元。就H这种情况来说，运算是变换的组合，或者说等效于相应矩阵的乘法运算。矩阵乘法确实是服从结合律的，恒等元I由单位矩阵表示。而至关重要的是，集合的每个元素A都有一个逆元A^{-1}，就像我们接下来要验证的那样。

就H来说，矩阵I是自反性的（总是这样），R^2也是这样，因为我们有$R^2\cdot R^2=R^4=I$；而我们已经指出$R\cdot R^3=I$，这说明R与R^3互为逆元。因此，H是一个关于群的示例。不过，H就是4个元素的循环，这意味着H恰恰由R的四个幂次运算组成；而$R^5=R$，$R^6=R^2$，如此反复；所以，H是整数模4这个群$\mathbb{Z}_4$的翻版。尽管如此，H是一个更大的含八个元素的群（记作D）的一部分（我们说，H是D的子群）。群D的其他四个元素，可以通过取H

中每个元素与S的乘积来生成，这就有$\{S, RS, R^2S, R^3S\}$。通过计算代表这四个映射的矩阵或通过考察其几何行为，我们可以看到，这些乘积中的每一个都代表了一个以一条过原点的直线为对称轴的镜像。具体来说，S、RS、R^2S与R^3S分别对应于以$y=0$、$y=x$、$x=0$及$y=-x$为对称轴的镜像，而这四个镜像都是自反性映射。（将这些对称轴逐一逆时针旋转45度，你就可以一条条地遍历下来了。） 103

然而，除这八个映射外不会再有其他映射了；于是得出，D构成了一组变换，而其中四个镜像均是自反的。群运算一览表可见表1，该表的主体部分中在(i, j)位置上的元素是矩阵α第i行乘以矩阵β第j列的乘积$\alpha\beta$。

任何任意长度的乘积都等于这八个映射中的一个。实际上，只要运用法则$R^4=S^2=I$以及$SR=R^3S$，便可将任何乘积（无论多长）化简为这八个给定形式中的一个。研究群论的学者们

表1　由R及S生成的对称群的乘法

	I	**R**	**R^2**	**R^3**	**S**	**RS**	**R^2S**	**R^3S**
I	I	R	R^2	R^3	S	RS	R^2S	R^3S
R	R	R^2	R^3	I	RS	R^2S	R^3S	S
R^2	R^2	R^3	I	R	R^2S	R^3S	S	RS
R^3	R^3	I	R	R^2	R^3S	S	RS	R^2S
S	S	R^3S	R^2S	RS	I	R^3	R^2	R
RS	RS	S	R^3S	R^2S	R	I	R^3	R^2
R^2S	R^2S	RS	S	R^3S	R^2	R	I	R^3
R^3S	R^3S	R^2S	RS	S	R^3	R^2	R	I

会说，群D由满足如下三个关系的生成因子R及S来表示。例如，我们灵活地运用这些等式，便得到

$$SR^2S=(SR)RS=(R^3S)RS=R^3(SR)S=R^3(R^3S)S$$
$$=(R^4)R^2(S^2)=R^2。$$

D被称为二面体群，关于D的一个关键观察是，其运算并不
104 服从交换律：$SR=R^3S\neq RS$。一个更一般的观察适用于每一个群，即其乘积表显示了“拉丁方性质”；这意味着群中每个元素在每一行及每一列恰好出现一次。这些事实可帮助我们来完成这张表。

循环群H之前是在另一番表象中看到的，因为虚部单位i的幂就是四个，即$G=\{1, i, -1, -i\}$，对应于以那种顺序排列的集合$H=\{1, R, R^2, R^3=R^{-1}\}$：我们说$G$与$H$这两个群是同构的，并且对应关系$1\mapsto 1$、$R\mapsto i$、$R^2\mapsto -1$、$R^{-1}\mapsto -i$是$G$与$H$间的一个同构，这意味着其乘积表在元素名变更的情况下是相同的。

“同构”一词的用意是为了传达以下事实：尽管二者是不一样的群，即第一个是乘法下的复数集合，第二个则是复合运算下的一组旋转，但两个群就它们的代数结构而言本质上是相同的。这不仅仅是个巧合，因为涉及虚部单位i的乘法在起作用，使得复平面中的每个数绕原点旋转四分之一圈。要看到这一点，我们只需要指出，对于任意复数$z=x+iy$，我们有$iz=xi+i^2y=-y+ix$：就阿尔冈平面上的点来说，$(x, y)\mapsto(-y, x)$，而后一个即我们通过将点(x, y)绕原点逆时针旋转90度所得到的点。这一关系使我们能够将乘以i看作在复平面上旋转一个直角，从而再次确认了虚部单位的基本性质。

逆矩阵

如果一个矩阵集合代表一个群中的元素，比如代表二面体群D的那八个矩阵，那么这些矩阵中的每一个（记作A）都会有一个逆矩阵A^{-1}，使得$AA^{-1}=A^{-1}A=I$，即单位矩阵。这导出了 105
如下的双生问题，即一个方阵A的逆矩阵何时存在；如果存在，如何求出来。我们首先对一般的逆矩阵进行一些简单的考察。

一个非常有用的法则是，两个方阵之乘积的逆矩阵是相应反序逆矩阵的乘积，也就是说$(AB)^{-1}=B^{-1}A^{-1}$，正如从定义立即所验证的那样：

$$(AB)(B^{-1}A^{-1})=A(BB^{-1})A^{-1}=AIA^{-1}=AA^{-1}=I。\quad (33)$$

值得注意的是，(33)式所示的运算在任何群中都成立：乘积的逆矩阵是反序逆矩阵的乘积。重要的是遵从这种顺序上的逆转，因为对于矩阵乘法以及对于一般意义上涉及群的乘积，顺序很重要。

有一个重要但简便的运算，其与取逆矩阵类似而适用于任何矩阵A，也就是取其转置矩阵A^T：矩阵A^T从左往右书写的行，就是矩阵A从上往下书写的列。使用转置符号来书写列向量，有时是很方便的，例如$(2,-1,4)^T$。来看一个示例，

$$A=\begin{bmatrix}2 & -1\\ 7 & 4\\ 0 & 3\end{bmatrix}\Leftrightarrow A^T=\begin{bmatrix}2 & 7 & 0\\ -1 & 4 & 3\end{bmatrix}。\quad (34)$$

我们被赋权使用(34)式中的双向箭头“$\Leftrightarrow$”，因为$(A^T)^T=A$

通常总是正确的，就像对一个方阵A来说总有$(A^{-1})^{-1}=A$成立。略显不直观的是，取转置矩阵也要服从$(AB)^{T}=B^{T}A^{T}$这个法则。正如我们之前提及与网络的关联矩阵相关的，一个矩阵与其自身的转置相等，就称之为对称矩阵：对称矩阵必然是方阵，并且处处满足$a_{ij}=a_{ji}$。

现在假设我们有未知数为x_1，x_2，…，x_n的n个方程。我们
106 可以用一个单独的矩阵方程$A\mathbf{x}=\mathbf{b}$来表示这个方程组，其中$\mathbf{x}$表示未知数组成的列，$\mathbf{b}$表示方程组的右边项，而A是$n\times n$的系数矩阵。我们如果已经有逆矩阵A^{-1}，那么立即就能解出这个方程组，即在等式两边的左侧同乘以A^{-1}，因为这就得出$A^{-1}A\mathbf{x}=A^{-1}\mathbf{b}\Rightarrow\mathbf{x}=A^{-1}\mathbf{b}$。另一方面，我们有消元法来求解此类方程组，这表明我们可能会寻求运用这种技术来找到如何对矩阵A求逆的方法。

在用于求解一组联立线性方程的消元法中所执行的运算，以如下三种方式中的一种来影响系数矩阵：

1. 用一个非零常数a与方程组中的一行相乘；
2. 把两行互换；
3. 将方程组中一行倍乘a后加至另一行。

这些行运算中的每一个，就像它们各自所描述的那样，都可以通过在左边乘以一个合适的矩阵来实现。以下示例说明了这一点：

$$B=\begin{bmatrix}1 & 0\\0 & a\end{bmatrix},\quad C=\begin{bmatrix}0 & 1\\1 & 0\end{bmatrix},\quad D=\begin{bmatrix}1 & a\\0 & 1\end{bmatrix}。\qquad(35)$$

对于任意2×2矩阵A，乘积BA是将A的第二行都乘以a，CA除两行互换外与A相同，而DA则是把A的第二行乘以a再加到A的第一行。

对于最后一个示例，具体来说：

$$\begin{bmatrix}1 & a\\0 & 1\end{bmatrix}\begin{bmatrix}u & v\\r & s\end{bmatrix}=\begin{bmatrix}u+ar & v+as\\r & s\end{bmatrix}=\begin{bmatrix}u & v\\r & s\end{bmatrix}+a\begin{bmatrix}r & s\\0 & 0\end{bmatrix}。$$

通常，我们得到作用于特定行运算的行矩阵，即通过将这种行运算应用于单位矩阵I。尽管无须在任何实际计算中引入这些基本的行矩阵，但就其存在而言有一个重要的结论。假设我们将矩阵A行简化为I，即通过一系列行运算，比如说有行矩阵 107
M_1，M_2，…，M_{m-1}，M_m，使得我们有（$M_mM_{m-1}\cdots M_2M_1$）$A=I$。因此，在A前面的那些矩阵，其乘积必定等于A^{-1}。不过，我们可以由这番分析求出A^{-1}，而无须详细写下矩阵M_i。该方案通常以如下方式表述：

$$[A|I]\rightarrow[I|A^{-1}],$$

其中箭头表示应用于A的行简化运算，从而将其行简化为I。左边的$n\times2n$矩阵称为A的增广矩阵。由于在增广矩阵的左侧A及右侧I都执行所用的行运算，所以对I的总体作用是将其乘以A^{-1}，使得增广矩阵的右半部分确实转化为$A^{-1}I=A^{-1}$，正如上述方案所表明的那样。

为了说明这种方法，我们来求构成如下增广矩阵左侧部分的3×3矩阵的逆矩阵，所以这种情况下[$A|I$]如下给出：

$$\left[\begin{array}{ccc|ccc}1 & 1 & 1 & 1 & 0 & 0\\3 & 4 & 5 & 0 & 1 & 0\\3 & 6 & 10 & 0 & 0 & 1\end{array}\right]。$$

我们这样开始，即以左侧矩阵的左上角为主元[①]，这意味着我们要消去第一列所有其他元素，也就是借助行运算$R_2 \mapsto R_2 - 3R_1$（即用第2行减去3倍的第1行来替换第2行）以及$R_3 \mapsto R_3 - 3R_1$，从而得到

$$\left[\begin{array}{ccc|ccc} 1 & 1 & 1 & 1 & 0 & 0 \\ 0 & 1 & 2 & -3 & 1 & 0 \\ 0 & 3 & 7 & -3 & 0 & 1 \end{array}\right] \rightarrow \left[\begin{array}{ccc|ccc} 1 & 0 & -1 & 4 & -1 & 0 \\ 0 & 1 & 2 & 3 & 1 & 0 \\ 0 & 0 & 1 & 6 & -3 & 1 \end{array}\right];$$

这里，我们通过将对角线上第二个元素定为主元，再经由$R_1 \mapsto$
108 $R_1 - R_2$以及$R_3 \mapsto R_3 - 3R_2$这样的行运算，从而转到了第二个矩阵。注意，当仅第一列的主元不为零时，以上运算并不会改变第一列中任何元素——以这种方式，这一过程持续进行，而我们不会在不需要的地方恢复非零元素。最后，我们消去主对角线上第三个主元上方的各项，即进行$R_1 \mapsto R_1 + R_3$及$R_2 \mapsto R_2 - 2R_3$这样的运算，从而将增广矩阵左侧的部分行简化为单位矩阵I_3，便得到

$$\left[\begin{array}{ccc|ccc} 1 & 0 & 0 & 10 & -4 & 1 \\ 0 & 1 & 0 & -15 & 7 & -2 \\ 0 & 0 & 1 & 6 & -3 & 1 \end{array}\right] \Rightarrow A^{-1} = \begin{bmatrix} 10 & -4 & 1 \\ -15 & 7 & -2 \\ 6 & -3 & 1 \end{bmatrix}。$$

可以很容易地验算$AA^{-1} = I$，而读者现在可以自行练习一些题例，但要注意：上述示例特别简明——对一个矩阵及其逆矩阵来说，完全由整数组成是很少见的。计算过程中，你有时可以通

① 数学上一般作“主元”，很少作“主元素”。

过将对角线上非1的元素定为主元来避免分数；当然，如果解答中有分数，它们肯定迟早都会出现。一个整数矩阵（其所有元素为整数）当且仅当其行列式为 ± 1 时，才有整数逆矩阵：我们会在第九章来解释这一命题。不过，一个方阵 A 是否有逆矩阵的充分必要条件，可以仅由秩的概念给出。我们在第七章介绍了这一概念，而现在就可以来概述一下这是如何出现的。

方阵 A 当且仅当是满秩时，才是可逆的。如果矩阵 A 不满秩，我们可以用行间的相关性借助行运算把 A 行简化成有一排零元素的矩阵 C；而这样的矩阵必定是奇异的，因为那一行零元素会继续存在于形如 CB 的任何乘积中，从而不能给出单位矩阵。由于每个行运算都是可逆的，因此可以推出 A 也没有逆矩阵，于是只有满秩的矩阵才是可逆的。 109

反之，任何满秩的方阵 A 都可逆。这是因为这种情况下将 $[A|I]$ 简化为 $[I|A^{-1}]$ 的过程不会卡住——事实上，矩阵 A 满秩便确保了出现在主元位置的零元素可以转换为非零元素，于是该过程会继续下去，最终在进行简化的增广矩阵中得到 A 的逆矩阵。所以，只要 A 满秩，其逆矩阵便存在，并且可以通过这种方式求出。下一章中，我们会看到，根据与矩阵相关的单独一个数，即其行列式，可以对可逆性进行另一种特征化描述。 110

第九章

行列式与矩阵

行列式

为了进一步解决矩阵可逆性的一般问题，我们首先对2×2矩阵A的情况进行分析。假设A是可逆的，由此得出A没有全为零的列，以便必要时通过把第一行与第二行对调，我们可以假定左上角的元素a不为0。这种情况下，我们就可以消去其下方的元素，并开启求解逆矩阵的进程，即通过$R_2 \mapsto R_2 - (c/a) R_1$这个运算：

$$\begin{bmatrix} a & b & 1 & 0 \\ c & d & 0 & 1 \end{bmatrix} \to \begin{bmatrix} a & b & 1 & 0 \\ 0 & d-cb/a & -c/a & 1 \end{bmatrix}$$

$$= \begin{bmatrix} a & b & 1 & 0 \\ 0 & (ad-cb)/a & -c/a & 1 \end{bmatrix}。$$

更进一步，我们会设法将（1，2）位置上的元素b消为0，也就是借助适当的减法，用第一行减去第二行；这将涉及现处于矩阵（2，2）位置上元素的倒数。特别是，我们将需要除以 $\Delta = ad-bc$ 这个量；我们意识到这就是在第七章中遇到的矩阵 A 的行列式。显然，我们因此要求 $\Delta \neq 0$，以便执行相应的除法，否则我们试图求逆的矩阵会有一个全为零的第二行。值得注意的是，条件 $\Delta \neq 0$ 包含了我们已经注意到的一个条件，即 a 与 c 中至少有一个不为零，否则 $ad-bc=0-0=0$。 111

假设该矩阵的行列式不为0，我们就可以借助运算 $R_1 \mapsto (1/a)R_1$ 以及 $R_2 \mapsto (a/\Delta)R_2$ 把主对角线上的元素降为1；最后，我们通过 $R_1 \mapsto R_1-(b/a)R_2$ 这个运算把增广矩阵的左侧部分变为矩阵 I_2，从而得到

$$\begin{bmatrix} 1 & b/a & 1/a & 0 \\ 0 & 1 & -c/\Delta & a/\Delta \end{bmatrix} \to \begin{bmatrix} 1 & 0 & 1/a+bc/a\Delta & -b/\Delta \\ 0 & 1 & -c/\Delta & a/\Delta \end{bmatrix}。$$

不过，位置（1，3）上的项化简可得

$$\frac{\Delta+bc}{a\Delta}=\frac{ad-bc+bc}{a\Delta}=\frac{ad}{a\Delta}=\frac{d}{\Delta}；$$

于是，如果 $\Delta \neq 0$，我们可以把公分母 Δ 提到矩阵外来表示 A 的逆矩阵：

$$A^{-1}=\frac{1}{\Delta}\begin{bmatrix} d & -b \\ -c & a \end{bmatrix}。$$

这代表了一般的情况：增广矩阵法会求出方阵 A 的逆矩阵 A^{-1}，除非 A 的行列式（通常记作 $\Delta=|A|$）等于0；这种情况下其逆矩阵不存在。不过，我们还没有解释 Δ 这个数在一般方阵的

情况下是什么样的，而在这之前我们稍做进一步的探究。

三维空间中，由矩阵A所表示的线性变换的行列式$\det(A)$的绝对值，是代表体积的乘数[①]。矩阵A的列，是单位立方体各边对应的位置向量的像，即$\mathbf{b}_1=(1,0,0)^T$，$\mathbf{b}_2=(0,1,0)^T$，$\mathbf{b}_3=(0,0,1)^T$；它们定义了平行四边形的一个三维版本，也就是平行六面体，其体积为$|\det(A)|$；若$\Delta<0$，那么像的方向反转。

但我们如何定义3×3矩阵的行列式呢？我们首先会解释
112 它是如何来计算的，然后回到它是如何被定义的问题。$\det(A)$的值是以某种基于数组任意行或列的既定方式来求的。选择从矩阵的第一行开始，我们将每个元素乘以划掉该元素所在行及列时余下的四个元素所构成的2×2行列式，接着把这三个带有交错正负号的数相加。与每个位置相关联的符号如(36)式中正负号范例所示。例如，用替代符号$|A|$来表示$\det(A)$，我们有：

$$|A|=\begin{vmatrix}1&2&3\\-1&0&2\\2&1&2\end{vmatrix};\quad\begin{vmatrix}+&-&+\\-&+&-\\+&-&+\end{vmatrix}$$

$$=1\begin{vmatrix}0&2\\1&2\end{vmatrix}-2\begin{vmatrix}-1&2\\2&2\end{vmatrix}+3\begin{vmatrix}-1&0\\2&1\end{vmatrix}\qquad(36)$$

$$=1(0-2)-2(-2-4)+3(-1-0)=-2+12-3=7。$$

我们可以用任何行或列来进行计算。为了强调这一点，我们再次来求这个行列式，这次用第二列展开：

① 这里是说，该绝对值是个乘数，等于矩阵A的行/列向量所展开的平行六面体的体积。

$$-2\begin{vmatrix}-1 & 2\\ 2 & 2\end{vmatrix}+0\begin{vmatrix}1 & 3\\ 2 & 2\end{vmatrix}-\begin{vmatrix}1 & 3\\ -1 & 2\end{vmatrix}$$

$$=-2(-2-4)+0-(2-(-3))=12+0-5=7。$$

进一步，定义下的形式扩展到了4×4矩阵；而通常来说，$n\times n$矩阵A可以用任意行或列来计算$|A|$，并取每个带正号或负号的元素同删除该元素所在行及列而余下的次级$(n-1)\times(n-1)$矩阵的行列式相乘后的代数和。

读者可能会乐意用第七章中（29）式的3×3矩阵来练练手。但由于该矩阵不满秩，我们提前就知道其行列式必定为0。类似的性质适用于4×4的基尔霍夫矩阵K，也会在下文占有重要篇幅。由于任意基尔霍夫矩阵的各行之和是零向量，所以像K这样的矩阵不满秩，于是其行列式为0。

行列式计算不依赖于计算所基于的矩阵中的行或列，其原因看起来非常神秘，因此有必要做一些解释。各种情况下，我们发现计算结果都是如下特定的和。一个$n\times n$矩阵$A=(a_{ij})$，其行列式Δ是A中元素（带正负号）乘积的某个代数和。所涉及的乘积，其乘项长度均为n，即通过从每一行及每一列中取一个元素来构建：这样的乘积有$n!$个，因为在构建它们时我们从第一行来选有n种选择，而从第二行只有$n-1$种选择（因为我们无法重复一列），从第三行就只有$n-2$种选择，依此类推。

附带的正负号以如下方式来确定。各乘积都定义了从数1到数n的排列，也就是通常所说的重排，由此有$i\mapsto j$，如果a_{ij}是从第i行选出之乘积中的元素的话。乘积的关联符号由此或为正或为负，依据如下：排列受偶数或奇数的换位影响，而一次换位则是一种仅仅对调两个位置顺序的排列。

对于$n=2$且有如前述元素的情况，我们有$2!=2$项，即ad与bc。于是，同ad关联的排列为$1\mapsto1$和$2\mapsto2$，因为a在（1，1）而d在（2，2）的位置上。这是相当于零换位的恒等排列，因此是偶数，而乘积ad随附的符号为正号。另一方面，bc这一项的排列是交换了1和2的换位。因为b在（1，2）的位置上，有$1\mapsto2$；而c在（2，1）上，则有$2\mapsto1$。由于所用的换位数为奇数，所以关联符号为负号。这就给出了预期的结果$\Delta=ad-bc$。

对于一般的3×3行列式有$3!=6$种可能的乘积，于是我们得到

114

$$\begin{vmatrix} a & b & c \\ d & e & f \\ g & h & i \end{vmatrix} = aei - afh - bdi + bfg + cdh - ceg\,;$$

例如，与bdi这一项关联的排列是$1\mapsto2$、$2\mapsto1$及$3\mapsto3$，其对应于交换了1和2的单个换位；于是有一个奇数换位，使得bdi带负号。

作为行列式在网络领域的一种应用，我们回到第七章示例中网络N的基尔霍夫矩阵K：

$$K=\begin{bmatrix} 4 & -2 & -1 & -1 \\ -2 & 3 & 0 & -1 \\ -1 & 0 & 1 & 0 \\ -1 & -1 & 0 & 2 \end{bmatrix}。$$

基尔霍夫矩阵有这样一个特殊性质，即每个余因子矩阵（也

就是划去K中任意行及任意列而得的子矩阵）的行列式，连同符号在内，总有相同的值。此外，这个数值还告诉你此关联网络会有多少生成树。例如，我们划掉第一列和最下面一行后，就剩下计算：

$$\begin{vmatrix} -2 & -1 & -1 \\ 3 & 0 & -1 \\ 0 & 1 & 0 \end{vmatrix} = -\begin{vmatrix} -2 & -1 \\ 3 & -1 \end{vmatrix} = -((2-(-3)) = -5,$$

这里，我们通过把最下面一行（由于行中两个0元素带来的便捷性）展开，已经算出了这个3×3行列式。于是，网络N的生成树数量等于5，正如第七章中所示。

总之，K的所有3×3余因子矩阵的行列式会是±5，且与各元素相关的正负号同其所有相邻元素的符号相反，这符合（36）式中标出的正负号模式。每个与伴随符号相乘的3×3行列式，都被称为4×4矩阵的余因子。这一结果可扩展至任意行列数的方阵；而基尔霍夫定理是说，对于一个基尔霍夫矩阵，这些余因子中的每一个都是相同的，并且等于关联网络生成树的数量。 115
当然，初始网络如果是一棵树，那么这些余因子的每一个行列式便都是1，这样对于行列式均为1的整数矩阵我们就有了一个出处。

行列式的性质

求解行列式所涉及的计算可能很长；不过从数学角度来看，这个概念最好通过其主要性质来思考。接下来，这些性质就可能被揭示出来。例如，由于按行或列展开会得到一样的结果，因而方阵A有与其转置矩阵A^T相同的行列式。

不过，行列式的关键性质与之前介绍的求解方程组的行运算密切相关。如果我们将矩阵行列式的一行（或一列）乘以一个常数a，那么该行列式也同样乘以a，因为相应代数和的每一项中都引入了这个公因子a。另一方面，如果我们交换A中相邻的两行（或列），那么会使行列式和式中每一项的正负号变号，因此会从整体上改变$|A|$的符号。由于任意两行可以通过一组组相邻行对调奇数次来互换，于是方阵任意两行互换都会使行列式变号。最后，如果我们把某行倍乘后加到另一行，那么行列式保持不变。这是个至关重要的性质，其源于一个更普遍的事实，即如果我们将任意的行向量**r**与矩阵A的某一行相加，那么这个新矩阵的行列式便是det（A）同那个用**r**替换A中相应行之矩阵的行列式相加之和。不过，如果**r**是矩阵A中现有某一行的倍数，那么第二个矩阵就不是满秩的，因而第二个矩阵的行列式为0。这就是为什么把一行（或该行的任意倍数）与另一行相加的运
116 算会使行列式保持不变。

涉及矩阵而有前述三个性质的函数，必然是行列式函数$|A|$或其倍数，例如$2|A|$。如果我们算上$|I| = 1$这个赋范性条件，那么行列式便是唯一有全部这四个性质的函数。

数学家非常中意这样的结果，因为证明的展开往往是从所讨论主题的性质出发。相关性质不仅合理，而且还抓住了定理的主题本质。你如果有这样一份简明的性质列表，那么应该仅用那些性质就能证明你的结论。这就引出了好的证明，其清晰地展示了所讨论的定理为什么成立。

例如，我们在第七章中对于为什么有$|AB| = |A|\times|B|$成立给

出了一个直观的论据，即受如下事实启发：行列式表示一个线性变换的面积乘数，或者一般说来的体积乘数。不过，行列式的乘法性质可以借助三方面观察进行代数解释。

从秩的角度来考察，当且仅当A或B中至少有一个是奇异矩阵时，方程两边都为0。若不是这样，我们可以把A因式分解为基本的行矩阵的乘积。不管怎么样，运用我们刚刚列出的行列式的性质，可以很容易证明，对于每个初等行矩阵R，有$|RB| = |R|\times|B|$。接下来，一般化的结论便是源自对这个事实的反复运用。

因此，我们注意到A的逆矩阵的行列式是其行列式的逆，因为我们有

$$1 = |I| = |AA^{-1}| = |A|\times|A^{-1}| \Rightarrow |A^{-1}| - |A|^{-1}。\qquad (37)$$

我们在第八章中提到，一个整数方阵A当且仅当$|A| = \pm 1$时有一个整数矩阵作为它的逆矩阵。这在一个方向上是由（37）式得出，因为只有当$|A| = |A|^{-1} = \pm 1$时，$|A|$和$|A|^{-1}$才有可能是整数。运用如下的整合公式来求一个$n\times n$方阵所表示的方程组$A\mathbf{x} = \mathbf{b}$的解，即

$$x_i = \frac{\det(A_i)}{\det(A)},$$

其中，x_i是$\mathbf{x}$中第i个未知数，而A_i则是用$\mathbf{b}$替换A中第i列而得到的矩阵。

这条法则是以法国数学家加布里埃尔·克莱姆（1704—1752）的姓来命名的。尤其是依次取$\mathbf{b}$作单位矩阵的各列，相应地作为解的向量$\mathbf{x}$便提供了A^{-1}的一组列。这样，我们就得到一

种通过行列式来求逆矩阵的方法；此外，它也提供了理论上一些很好的结论。特别地，因为整数方阵 A 的行列式显然是整数，由克莱姆法则可知，如果 $\det(A) = \pm 1$ 并且 A 是整数矩阵，那么其逆矩阵 A^{-1} 也是如此。

有趣的是，哈布古德与阿雷尔于2011年证明了，运用克莱姆法则所需的计算量与用标准约当–高斯消元法所需的相同。这两种方法中涉及的基本算术运算的量级都是 n^3。换句话说，克莱姆法则不仅仅是一个简洁的公式；尽管涉及行列式，但该法则反而可以用来足够快地求解大型方程组。

特征值与特征向量

第七章中，我们考察了若干平面上的几何示例，但同样的思路也适用于更高的维度。让我们来举个例子，即借助基向量 $\mathbf{b}_1 = (1, 0, 0)^T$，$\mathbf{b}_2 = (0, 1, 0)^T$ 及 $\mathbf{b}_3 = (0, 0, 1)^T$ 来考察三维中的线性映射 L。我们的线性映射 L 以循环顺序排列基向量，也就
118 是说，$\mathbf{b}_1 \mapsto \mathbf{b}_2$，$\mathbf{b}_2 \mapsto \mathbf{b}_3$ 及 $\mathbf{b}_3 \mapsto \mathbf{b}_1$，于是其矩阵为

$$A = \begin{bmatrix} 0 & 0 & 1 \\ 1 & 0 & 0 \\ 0 & 1 & 0 \end{bmatrix}。$$

每个基向量绕直线 $x = y = z$ 旋转从而映射到另一个基向量上；由于执行 A 三次便将各基向量映射回其自身，于是旋转角度为360度除以3，即120度。此处，这番考察等于在说 $A^3 = I$，使得有 $A^{-1} = A^2$。几何上也可以看出，A^{-1} 会执行相反方向上的120度旋转，这与原方向上进行240度旋转作用一样，后者当然是矩

阵 A^2 所产生的效果。

这则示例用来介绍本节的主题，也就是用位置向量 $\mathbf{x}$ 来考察旋转轴上的任意点。由于该点在此旋转下会保持不动，因此我们无须计算便推出 $A\mathbf{x}=\mathbf{x}$。对此，我们很容易就能直接验证：向量 $\mathbf{x}$ 形如 $(a, a, a)^T$，因此前述方程便可立即验证。

总而言之，对于任意方阵 A，我们说，一个非零向量 $\mathbf{x}$，若满足 $A\mathbf{x}=\lambda\mathbf{x}$，便是 A 的特征向量；而 λ 则称为特征值。我们的示例中，向量 $(1, 1, 1)$ 是特征向量，对应的特征值为 1。（由定义不难看出，特征向量 $\mathbf{x}$ 的任意倍数也会满足所定义的方程。这一点从一开始就值得注意。）特征向量的概念在所有涉及线性性质的数学领域中都是基本的，因为一旦知道这些方向以及对应的特征值，往往可以非常清晰地解释变换的特性。

不过，并非所有矩阵都有特征向量，因为根据定义，特征向量 $\mathbf{x}$ 必须由 A 映射到其自身的倍数 $\lambda\mathbf{x}$ 上；也就是说，$\mathbf{x}$ 与 $A\mathbf{x}$ 指向相同或相反的方向，取决于特征值 λ 的符号。例如，在平面上围绕原点以角度 θ（$0<\theta<180°$）旋转，会改变每个矢量的方 119
向——这里找不到特征向量。

值得注意的一个性质是，A^{-1} 的特征值正好是 A 特征值的倒数；而且 A 及 A^{-1} 也共享相应的特征向量，因为若 $\mathbf{x}$ 是 A 的特征向量而特征值 $\lambda\neq 0$，则有

$$A^{-1}\mathbf{x}=A^{-1}(\lambda^{-1}\lambda\mathbf{x})=\lambda^{-1}A^{-1}(\lambda\mathbf{x})=\lambda^{-1}A^{-1}(A\mathbf{x})=\lambda^{-1}\mathbf{x}。$$

最后一个方程也提醒我们一个事实，即矩阵的可逆性与其特征值之间存在关系，这一点特别重要。我们尽管排除零向量作为特征向量（因为对于每个矩阵 A 及每个实数 λ 有 $A\mathbf{0}=\lambda\mathbf{0}=$

$\mathbf{0}$，而这并不能告诉我们什么关于A的特别信息），但并不排除0这个数作为特征值。如果是这种情况，我们会有若干非零向量$\mathbf{x}$，使得$A\mathbf{x}=0\mathbf{x}=\mathbf{0}$。不过，我们假如可以在该方程两边的左侧同乘以$A^{-1}$，便会有$A^{-1}A\mathbf{x}=\mathbf{0}$，而这毕竟得出了$\mathbf{x}=\mathbf{0}$这样的矛盾。因此，唯一可以有0作为特征值的矩阵是奇异矩阵。

反过来正确吗？假设A是奇异矩阵。我们可以找到一个非零向量$\mathbf{x}$使得$A\mathbf{x}=\mathbf{0}$，就是这种情况吗？（当然，对于任意矩阵A，总是有$\mathbf{x}=\mathbf{0}$这样的平凡解，只是我们在尝试求出非平凡解。）

答案是肯定的。由于A是奇异矩阵，我们知道A不满秩，于是有可能生成至少含一行零元素的等价方程组；接下来，由于我们的方程比未知量少，那么我们能为某些未知的x_i赋上任意值，从而求出其他变量。特别是，矩阵A会有与特征值$\lambda=0$对应的特征向量。

我们不久会继续用示例来演示这个原理，但这个特例对于
120 求解$n\times n$方阵A的一般特征值问题是个指引；正是这种需求要解出所有标量λ，使得对于一些非零向量$\mathbf{x}$有$A\mathbf{x}=\lambda\mathbf{x}$成立。我们把$\lambda\mathbf{x}$记作$\lambda I\mathbf{x}$，其中$I$是$n\times n$单位矩阵，由此可以将上式写成单个矩阵方程：

$$A\mathbf{x}-\lambda I\mathbf{x}=\mathbf{0} \Leftrightarrow (A-\lambda I)\mathbf{x}=\mathbf{0}。\tag{38}$$

这就把一般问题简化成我们刚刚已解决的问题，而数学家总是乐见其成的，因为（38）式表明，当且仅当0是矩阵$A-\lambda I$的特征值时，λ是A的特征值；而我们知道，当$A-\lambda I$是奇异矩阵时，恰好会出现0为其特征值的情况。

这样一来，行列式是很有用的，因为方阵A恰好在其行列式

为零时是奇异的，所以我们有明确的结论：A 的特征值 λ 均是方程 $|A-\lambda I|=0$ 的实数解（如果存在的话）。该方程称为 A 的特征方程，是一个关于未知数 λ 的 n 次多项式方程。注意，矩阵 λI 只是单位矩阵 I 的翻版，即用 λ 替换了主对角线上的元素 1。因此，用矩阵 A 主对角线上的所有元素减去 λ 便得到矩阵 $A-\lambda I$。

阐释完基本原理，让我们来看一个典型示例。求如下矩阵的特征值及对应特征向量：

$$A=\begin{bmatrix}2 & 7\\ -1 & -6\end{bmatrix}。$$

我们需要解下面的二次方程：

$$\begin{vmatrix}2-\lambda & 7\\ -1 & -6-\lambda\end{vmatrix}=0\Leftrightarrow-(2-\lambda)(6+\lambda)-(7)(-1)=0$$
$$\Rightarrow(\lambda-2)(\lambda+6)+7=0\Rightarrow\lambda^2-2\lambda+6\lambda-12+7=0$$
$$\Rightarrow\lambda^2+4\lambda-5=0\Rightarrow(\lambda+5)(\lambda-1)=0;$$

121

第九章 行列式与矩阵

于是我们得到两个特征值，即 $\lambda=-5$ 及 $\lambda=1$。要求出与特征值 λ 对应的特征向量，我们需要来解 $A\mathbf{x}=\lambda\mathbf{x}-(A-\lambda I)\mathbf{x}=\mathbf{0}$ 这个方程组。此例中，对于 $\lambda=-5$，我们有

$$\begin{bmatrix}2-(-5) & 7\\ -1 & -6-(-5)\end{bmatrix}\begin{bmatrix}x\\ y\end{bmatrix}=\begin{bmatrix}0\\ 0\end{bmatrix}$$
$$\Leftrightarrow\begin{bmatrix}7 & 7\\ -1 & -1\end{bmatrix}\begin{bmatrix}x\\ y\end{bmatrix}=\begin{bmatrix}0\\ 0\end{bmatrix}\Leftrightarrow\begin{bmatrix}1 & 1\\ 1 & 1\end{bmatrix}\begin{bmatrix}x\\ y\end{bmatrix}=\begin{bmatrix}0\\ 0\end{bmatrix};$$

这里我们已将第一行除以 7 并用 -1 除以第二行。方程组所示

的两个方程，于是被证明是一样的；但这样的重复必定出现，因为这些特征值必然会引入一个并非满秩的系数矩阵。我们看到，如果$x + y = 0$，那么x会满足该方程组，使得与特征值$\lambda =-5$对应的特征向量恰好都是形如（a，$-a$）^{T}的非零向量；特别是（1，−1）便是这样一个特征向量。同样，对于$\lambda = 1$，方程组简化至$x + 7y = 0$这样一个独立方程，因此相应的特征向量都是$\mathbf{x} =$（7，−1）^{T}的非零倍数。

矩阵自身都可以满足多项式方程，这当然是事实；而就这个主题我们只来说一件事。方阵有个唯一的最小多项式，也就是说一个最低幂次的首一多项式，其将矩阵本身作为一个（矩阵）根，并且是每个有此性质的其他多项式的因子。该多项式总是特征多项式的一个因子，而我们用这种方式便有凯莱−哈密顿（Cayley-Hamilton）定理：任意方阵满足其特征多项式。为了实时考察这一点，就用我们当前的例子，其特征多项式是$\lambda^2 + 4\lambda - 5$。
122 要理解常数项，我们把5看作$5I$，并用零来表示适当行列数的零矩阵。现在做一下常规计算，就能验证$A^2 + 4A - 5I = 0$确实是正确的。

相似性与对角化

矩阵理论中一大主题是关于方阵的对角化，其在$n\times n$矩阵A而有n个不同特征值的情况下有特别简单的形式。解释这个主题让我们能够触及线性代数中的另一个基本思想，即矩阵的相似性：如果存在可逆矩阵P，使得$A = PBP^{-1}$成立，那么A和B两个矩阵相似。相似矩阵的确是相似的，因为它们表示相同的n维空间线性变换，只是对应不同的基底。其行列式相等，因为若

$A=P^{-1}BP$，那么

$$|A|=|P^{-1}BP|=\frac{1}{|P|}\times|B|\times|P|=|B|。$$

它们也有共同的特征值，因为如果λ是B的特征值且对应特征向量$\mathbf{x}$，那么$P\mathbf{x}$便是A的特征向量且对应相同的特征值：

$$A(P\mathbf{x})=PBP^{-1}P\mathbf{x}=PBI\mathbf{x}=PB\mathbf{x}=P(\lambda\mathbf{x})=\lambda(P\mathbf{x});$$

我们可以把论证方向倒过来，以便证明，如果$\mathbf{x}$是A的特征向量，那么$P^{-1}\mathbf{x}$便是B的特征向量且有相同的特征值。

现在假设，A是一个$n\times n$矩阵，且有$\lambda_1<\lambda_2<\cdots<\lambda_n$这样$n$个不同的实数特征值；并且令$D$是对角矩阵$D=\mathrm{diag}(\lambda_1<\lambda_2<\cdots<\lambda_n)$。矩阵$A$与$D$是相似的。涉及$A$与$D$这对矩阵之相似性的$P$，是这样的矩阵，即其第$j$列是对应于特征值$\lambda_j$的特征向量$\mathbf{x}_j$，于是很自然地记作$P=[\mathbf{x}_1|\mathbf{x}_2|\cdots|\mathbf{x}_n]$。接着由常规计算得出，$AP=PD$，或者$A=PDP^{-1}$这样一个等价的关系式。（所有特征值彼此不等的 123
意义，是确保了矩阵P满秩，因而P^{-1}存在。）

我们以该结论的一个应用，即求解方阵的幂，来结束本章。我们在第七章的示例网络中看到，取幂是实际计算中经常出现的一种运算。确实，许多数学模型中，过程是通过矩阵A作用于变量向量来表示的。这一过程通常可以反映某种商业循环或生物循环。循环的反复揭示了该过程的长期演变，而这相当于取A的幂次运算。

如果我们可以把矩阵对角化，那么这就是计算这样一件简单的事情，因为

$$A^k = (PDP^{-1})(PDP^{-1})\cdots(PDP^{-1}),$$

其中，等式右边有k个因式。不管怎么样，在这个乘积中，每个P^{-1}后有一个P，因此会得出$P^{-1}P = I$这样一个因子，即单位矩阵，而这是可以消去的。所以，所有位于中间的P^{-1}与P都消去了，而上述乘积则化简成更为简单的PD^kP^{-1}。这里的好处是，计算对角矩阵的幂毫不费力，因为$D^k = \mathrm{diag}(\lambda_1^k, \lambda_2^k, \cdots, \lambda_n^k)$。事实上，$k$次的矩阵乘积已经转换为只有三个矩阵的乘积。

幂次为负时，一样可行：

$$A^{-k} = (Ak)^{-1} = (PD^kP^{-1})^{-1} = (P^{-1})^{-1}D^{-k}P^{-1} = PD^{-k}P^{-1}。$$

对角矩阵D的行列式，恰好是其主对角线上元素的乘积。（实际上，任何下三角矩阵或上三角矩阵都是如此：下三角矩阵在其主对角线上方仅有零元素，而上三角矩阵是在其下方只有零元素。）由于相似矩阵共有相同的行列式，所以我们可以得出
124 结论，有n个不同特征值的$n\times n$矩阵的行列式等于这些特征值的乘积（这是一个通常会成立的结论，如果我们允许特征方程有复根和重根的话）。

矩阵理论中一个开放的主题是关于矩阵的因式分解。浏览互联网会看到大量示例。LU（下-上）分解适用于方阵：$A = LU$，此处L为下三角矩阵，而U则是上三角矩阵。或者，还有QR分解（拆分），即$A = QR$，其中R是上三角矩阵，而Q则是正交矩阵；这意味着Q是个方阵，其逆矩阵等于其转置矩阵，使得$QQ^T = I$。基于QR分解的特征值计算算法，是数学中最重要的算法之一，由英国的约翰·弗朗西斯以及苏联数学家薇拉·库布拉诺夫斯

卡娅于1961年分别独立发现[①]。尽管就矩阵分解来说，我们并没有一个直接与整数的素数因式分解相对应的定理，但如下事实在各种各样的应用中是很有用的，也就是一个矩阵的行为和作用可以被拆分为有特殊性质的两个或多个矩阵的行为和作用。 125

① 弗朗西斯，英国计算机科学家，1934年生于伦敦，曾就读于剑桥大学，但未获得学位；2015年7月被授予苏塞克斯大学荣誉博士学位。库布拉诺夫斯卡娅（1920—2012），俄罗斯女数学家；除对*QR*分解算法的贡献外，还因发展了解决代数光谱问题的计算方法而闻名。

第十章

向量空间

更多涉及阿贝尔群的内容

本章以关于向量空间的代数为主题，而向量空间都是一个域上带有加法标量的阿贝尔群。作为开场白，我们不妨再来看看阿贝尔群的某些方面。

我们在第六章遇到的一个示例类型是循环群（$\mathbb{Z}_n$，+）。我们可以通过如下方式并排写下两个或多个循环群来生成另一个阿贝尔群。考察所有形如（i，j）的有序对，此处i与j分别取自循环群$\mathbb{Z}_m$及$\mathbb{Z}_n$：该集合记作$G = \mathbb{Z}_m \times \mathbb{Z}_n$；我们接着来定义这个直积的加法，即将有序对中各项对应相加，并对所得的第一个元素进行模m运算，而对第二个进行模n运算。这就给出了一个共含$m \times n$个元素的新阿贝尔群。

最简单的例子是当$m = n = 2$时，因为这样G就有$2 \times 2 = 4$个元素，即$G = \{(0，0)，(1，0)，(0，1)，(1，1)\}$。一个加法示例是（0，1）+（1，1）=（1，0），因为对于第二个元素我们有1 +

$1\equiv 0\ (\mathrm{mod}\ 2)$。很容易验证，（0，0）是恒等元；而对于这个特定的群G，每个元素都是自反的。此外，G的任意两个不同的非零元素之和等于第三个元素。126

事实证明，这些恰是有限交换群：每个有限阿贝尔群都是循环群的直积，尽管通常我们必须考虑直积中可不只两个循环群。对于有限阿贝尔群，有两个结构定理。任何有限阿贝尔群都可以用两种特殊方式中的一种来表示，而这两种方式均基于所涉及的循环群的下标之间的数值关系。一种表示中，我们让所有下标为素数的幂；另一种表示中，我们让随后作为示例的群的每个下标为其因子。我们可以用这种方式来判断两个有限阿贝尔群何时同构——这就是说本质上是一样的，即当它们以这两种方式中的任何一种来呈现时，通过检验它们的表示是否相同。

例如，$G=\mathbb{Z}_2\times\mathbb{Z}_2$和$H=\mathbb{Z}_4$各有四个元素，但它们并不是同一个阿贝尔群的两个翻版，因为正如我们所见，G的每个元素都是其自身的逆元，但循环群H的情况却并非如此，原因是比如$1+1=2\not\equiv 0\ (\mathrm{mod}\ 4)$。与之相反，$G=\mathbb{Z}_2\times\mathbb{Z}_3$与$\mathbb{Z}_6$同构，因为$G$是由（1，1）这一有序对循环生成的：我们接连把（1，1）加到自身，由此依次得到G的所有六个元素，即（1，1）、（0，2）、（1，0）、（0，1）、（1，2）、（0，0），于是G及H都表示六个元素的循环。

一般说来，如果m和n互素，那么$\mathbb{Z}_m\times\mathbb{Z}_n$与$\mathbb{Z}_{mn}$同构，但此处并不成立。这是对被称为中国剩余定理的现代解释；该定理说：形如$x\equiv a\ (\mathrm{mod}\ m)$和$x\equiv b\ (\mathrm{mod}\ n)$的两个（或更多）互为素数模的联立同余式，有模$mn$这样一个唯一解。

古籍中，一个典型问题可能是求解除以4时余1而除以9时余8的最小的数。这实际上是求$\mathbb{Z}_{36}$的元素n，其对应于$\mathbb{Z}_4\times\mathbb{Z}_9$中

127 的（1，8）。由于$n\equiv 1\pmod 4$，那么我们可以设$n=1+4t$。我们还要求$n\equiv 8\pmod 9$，因此我们相应地代入第二个同余式，从而得到

$$\begin{aligned}&1+4t\equiv 8\pmod 9\\ &\Rightarrow 4t\equiv 7\equiv 16\pmod 9\\ &\Rightarrow t\equiv 4\pmod 9;\end{aligned}$$

于是我们有

$$n=1+4t=1+4\times 4=17。$$

这的确是要求的那个解，因为我们在$\mathbb{Z}_4\times\mathbb{Z}_9$有17（1，1）=（1，8）。

向量空间

向量空间往往是呈现在大学生面前的第一种公理化定义的代数。这一概念由都灵的朱塞佩·皮亚诺（1858—1932）于1888年正式定义，并自1920年前后成为主流数学的核心。皮亚诺本人则是受德国学者赫尔曼·格拉斯曼（1809—1877）早期成果的引领[①]。

向量空间构成了数学中线性性质相关领域的背景；它不仅

---

① 朱塞佩·皮亚诺（Giuseppe Peano）被认为是符号逻辑的奠基人，其兴趣尤在于数学基础以及形式逻辑语言的发展。赫尔曼·格拉斯曼（Hermann Grassmann）1809年生于普鲁士施泰廷（今波兰什切青），1877年卒于此城。格氏关于向量的构想形成于1832年前后。其作于1840年的论文《潮汐理论》，首次引入了基于向量的分析，包括向量的加减法、向量微分及向量函数理论；而已知运用线性代数的最早实例也是这篇论文。格氏于1844年完成的《线性延展论》（*Die lineale Ausdehnungslehre*）被后世认为是具有独创性的杰作。他在其中发展了代数的概念，包括用符号代表点、线、面等几何对象，再依据特定规则进行运算。格氏的数学思想、方法在其有生之年并未真正为时人所接受，但最终激发了一些学者的工作，如今被称为“外代数”的概念，因归名于他而被称作“格拉斯曼代数”。

构成应用代数的基础，也构成了与数学中连续性相关研究不同方面的基础。简而言之，你一旦留意向量空间，就会发现它们在整个数学中都很常见。它们也是学习如何构建抽象代数讨论的好场所，部分是因为有一些是学生接触过而可以调用的显然示例，但也是因为许多重要的证明相当简单。

向量空间（V, +）首先是个阿贝尔群。V通常（不过并非总）是一个无限群；原型是阿贝尔群$\mathbb{R}^2=\mathbb{R}\times\mathbb{R}$及$\mathbb{R}^3$，更一般地则是$\mathbb{R}^n$，其由实数$n$元组（$a_1$, a_2, …, a_n）通过分量相加（向量加法，这只是矩阵加法的特例）组成。这些向量自身可与标量相乘，而标量一般是实数域$\mathbb{R}$的元素。这是向量空间的第二个特性：对于每一个空间都有一个与之关联的标量的域F；而向量$\mathbf{u}$、$\mathbf{v}$可以同标量a、b相乘，从而生成另一个向量，即按如下混合了结合律及分配律的不同法则，而所有这些，我们考察矩阵与标量的乘法时已在（28）式中看到： 128

$$a(b\mathbf{v})=(ab)\mathbf{v},\ a(\mathbf{u}+\mathbf{v})=a\mathbf{u}+b\mathbf{v},\ (a+b)\mathbf{u}=a\mathbf{u}+b\mathbf{u}。$$

此外，我们需要强调$1\mathbf{v}-\mathbf{v}$。这并非其他法则的结果：没有这条，对于每个标量a及向量$\mathbf{v}$，可能会有$a\mathbf{v}=\mathbf{0}$；而标量的乘法法则都会成立，尽管是以一种显见的方式。

基于这些法则，我们可以用与第二章中关于零的乘法法则相类似的方式推出$0\mathbf{v}=\mathbf{0}$（等式左边的零是标量域的零，而右边的则是V的$\mathbf{0}$）。由此我们可以进一步推断$-1\mathbf{v}=-\mathbf{v}$，如下所示：

$$\mathbf{0}=0\mathbf{v}=(1+(-1))\mathbf{v}=1\mathbf{v}+(-1)\mathbf{v}=\mathbf{v}+(-1)\mathbf{v}$$
$$\Rightarrow(-1)\mathbf{v}=-\mathbf{v},$$

于此，最后的结论运用了群内逆元的唯一性。还要注意的是，自始至终我们确实在要求 $1\mathbf{v}=\mathbf{v}$ 这一自明性质。

$\mathbb{R}^n$ 当然满足向量空间的要求；但为了找另一个不那么明显的示例，我们来考察一组联立方程的解集 S，并按矩阵形式记作 $A\mathbf{x}=\mathbf{0}$。让我们假设 $\mathbf{x}$ 由 n 个未知数组成，使得 S 是 $\mathbb{R}^n$ 的子集；而我们由于有一个齐次方程组（这意味着等式右边为零），便知道 S 至少包含 $\mathbf{x}=\mathbf{0}$ 这个解。不过，S 可以包含更多的解：我们如果看看第三章林肯展会问题中出现的（9）式这个 2×3 的方程组，便会发现该方程组有无数的解，因为可以自由地把任何值赋
129 给其中一个变量，而其余两个变量可以用这个自由变量来表示。

此外，解集 S 本身就是一个向量空间。S 满足方程关于向量空间的公理当然没有问题，因为我们已经知道这些性质在更大维度的向量空间 $\mathbb{R}^n$ 中都成立。不过，需要注意的是，S 在向量空间运算即加法及标量乘法下是不是封闭的（而解集 S 并非空集，这一点我们已经验证过了）。

我们通过验证一个等价的判别式可以一次性来考察这一点，即取线性组合时 S 是封闭的，这意味着对于所有标量 a 和 b 以及 S 的所有元素 $\mathbf{u}$ 和 $\mathbf{v}$，$a\mathbf{u}+b\mathbf{v}$ 也属于 S。不过，这由矩阵的一般性质立即得出

$$A(a\mathbf{u}+b\mathbf{v})=aA\mathbf{u}+bA\mathbf{v}=a\mathbf{0}+b\mathbf{0}=\mathbf{0}+\mathbf{0}=\mathbf{0},$$

因此 $\mathbb{R}^n$ 中齐次方程组的解集 S 是 $\mathbb{R}^n$ 的子空间。

这对更一般的方程组 $A\mathbf{x}=\mathbf{b}$ 有用，因为如果 $\mathbf{a}$ 是后一个方程组的任意特定解，使得 $A\mathbf{a}=\mathbf{b}$ 成立，那么所有解的全体由 $S+\mathbf{a}$ 给出；这意味着，如果 $\mathbf{x}$ 属于 S，那么 $\mathbf{x}+\mathbf{a}$ 便是 $A\mathbf{x}=\mathbf{b}$ 的一个解。

这可立刻得出，因为另有$A(\mathbf{x}+\mathbf{a})=A\mathbf{x}+A\mathbf{a}=\mathbf{0}+\mathbf{b}=\mathbf{b}$。并且，一般方程组的每个解$\mathbf{c}$都有这种形式。要注意，$\mathbf{x}=\mathbf{c}-\mathbf{a}$是$A\mathbf{x}=\mathbf{0}$的解，如下式所示：

$$A\mathbf{x}=A(\mathbf{c}-\mathbf{a})=A\mathbf{c}-A\mathbf{a}=\mathbf{b}-\mathbf{b}=\mathbf{0};$$

因此$\mathbf{x}$属于S，于是$\mathbf{c}=\mathbf{x}+\mathbf{a}$这个典型解确实属于$S+\mathbf{a}$。

将方程组的一般解表示为构成相关向量空间之子空间的齐次方程组的解，这种方法也适用于完全不同类型的方程，包 130
括一般出现在运动物理系统的数学模型中的所谓线性微分方程组。

正如已简要提及的那样，对于林肯展会问题的联立方程，其解集的“维数”是1。因为当指定满足两个方程的特定一组三个数时，存在一个可供选择的自由度。这就引出了一个问题，即我们所说的向量空间的维数是什么意思。

我们如果取向量空间V的任意子集A，那么A内元素所有可能的线性组合所构成的集合U本身就是V的一个子空间，因为U在所取的线性组合下是封闭的。由于包含A的任何子空间都包含所有这样的线性组合，于是得出U是包含A的V之最小子空间：我们说U是A生成的子空间，而A是子空间U的生成集。

接下来，对于V的子集$I=\{\mathbf{u}_1, \mathbf{u}_2, \cdots, \mathbf{u}_k\}$，若$I$中没有元素是其他元素的线性组合，那么称$I$是线性无关的。一个等价的定义是：

$$(a_1\mathbf{u}_1+a_2\mathbf{u}_2+\cdots+a_k\mathbf{u}_k=\mathbf{0})\Rightarrow(a_1=a_2=\cdots=a_k=0)。\quad(39)$$

这的确是在说同一件事——如果这个定义的条件没有满足，那么某个$a_i \neq 0$，于是，我们可以让方程左边仅有对应的$\mathbf{u}_i$；反过来说，如果$\mathbf{u}_i$是I中其他向量的线性组合，那么把所有项移到方程左边便给出了一个等于$\mathbf{0}$的线性组合，然而$\mathbf{u}_i$的系数却等于1（于是$a_i = 1 \neq 0$）。

（39）式所示的定义看起来是无关性这一思路的某种更为技术性的呈现，但因为它是用方程来表达的，所以适合代数运
131 算，因此在数学证明中很有用。此外，某些$\mathbf{u}_i$是其他向量的线性组合这一条件，并不意味着集合列表中每个向量都是其他向量的线性组合：为了在$\mathbb{R}^2$中找一个简单的例子来说明这一点，我们可以取$\mathbf{u}_1 =（0，0）$以及$\mathbf{u}_2 =（1，0）$。于是$\mathbf{u}_1 = 0\mathbf{u}_2$，所以$\{\mathbf{u}_1, \mathbf{u}_2\}$这个集合是线性无关的，但$\mathbf{u}_2$并不是$\mathbf{u}_1$的倍数。

线性无关组的重要性在于这样一个事实，即它们可以用来将向量空间坐标化，因为假设I是线性无关的，而U是由I生成的V的子空间。那么I既是线性无关的又是U的生成集，因此被称为向量空间U的一个基。U的任意元素$\mathbf{u}$当然可以写成I中元素的线性组合，因为I生成了U，但至关重要的是由于该线性组合是唯一的，因为假设我们有两个这样的表达式：

$$\mathbf{u} = a_1\mathbf{u}_1 + a_2\mathbf{u}_2 + \cdots + a_k\mathbf{u}_k = b_1\mathbf{u}_1 + b_2\mathbf{u}_2 + \cdots + b_k\mathbf{u}_k。$$

接着，借助减法，我们有

$$(a_1 - b_1)\mathbf{u}_1 + (a_2 - b_2)\mathbf{u}_2 + \cdots + (a_k - b_k)\mathbf{u}_k = \mathbf{0};$$

而因为I是线性无关的，由我们（39）式中的定义，这意味着所有这些系数都等于零，这正是说$a_1 = b_1, a_2 = b_2, \cdots, a_k = b_k$。所以，用$I$内元素所表示的$\mathbf{u}$是唯一的。

这样的坐标化让我们能用相应的坐标元组（a_1，a_2，⋯，a_k）来标识**u**，而相关联的映射是U到向量空间F^k上的同构，此处F是向量空间V的乘数标量域。这就是说，被看作向量空间的U，恰是F^k的一个翻版。

一个向量空间通常有很多基。例如，我们在处理$\mathbb{R}^3$时便偏好标准基$\mathbf{b}_1=(1, 0, 0)$，$\mathbf{b}_2=(0, 1, 0)$，$\mathbf{b}_3=(0, 0, 1)$。这组三个向量有额外良好的性质，即长度均为1，且每个都垂直于另 132
外两个向量。不过，$\mathbb{R}^3$中任意三个向量，只要没有一个是另两个向量的线性组合，就都构成$\mathbb{R}^3$的基；这相当于在说，对应的位置向量并不都在一个平面上。特定问题有时可以进行简化，即用标准基之外的基，比如那些涉及伴随矩阵的特征向量。

然而，事实是，每个向量空间都有一个基，而任何两个基都有相同的度量。这个共同的度量称为向量空间的维数。不过，有些向量空间是无限维的。例如，所有实系数多项式的集合在多项式加法下构成向量空间，而这里的一个自然基是x所有幂次组成的集合，即$1, x, x^2$，⋯，x^n，⋯，其就范围来说显然是无限的。

向量空间V的所有基都有相同的维度。对此的证明取决于所谓的交换引理，其结论是，V的任何线性无关组I的维度永远不会大于V的任何生成集合S。如果我们有V的两个基B_1和B_2，那么B_1不大于B_2，因为B_1是线性无关的，而B_2生成V；同理，B_2不大于B_1。因此，两个基必定有相同的度量，即V的维数。

交换引理的另一个重要结论是，V的每个线性无关组I都可以扩展成V的一个基B，这意味着I作为子集包含于B。特别是，向量空间V的子空间U的基I，可以扩展为V的全基B。由此得出，子空间的维数总是小于或等于将其包含在内的向量空间V

的维数；而实际上只有当$U=V$时，二者的维数才相等。

矩阵相关的许多重要事实，可以通过将这些思想应用于$m \times n$矩阵A的行空间及列空间来证明，它们分别是由A的行及
133 列生成的$\mathbb{R}^n$和$\mathbb{R}^m$的子空间。特别地，可以证明行的秩与列的秩有相同的值，该值因此被称为A的秩；而对于任意矩阵乘积AB，有$\text{rank}(AB) \leqslant \text{rank}(A)$。

有限域

在这最后一节中，我们将模算术的思想、复数的构造、多项式的因式分解以及向量空间结合起来，从而解释有限域的存在，并以一个具体的示例结束讨论。我们已经注意到，交换环$(\mathbb{Z}_p, +, \cdot)$的确是含p个元素的域，其中p是素数。尽管存在有限域，但它们并不是这种简单的类型。域的法则连同有限性，都对任何有限域的结构强加了许多限制，这就是为什么它们如此之少。实际上，对于每个素数p及正整数n，包括同构在内，只有一个含p^n个元素的有限域，而不再有其他的域。

有限域高度结构化的性质，使许多应用不仅适用于代数中的问题，而且也适用于现代密码学；其中有限域或椭圆曲线中所谓离散对数问题的难度，便是诸如迪菲-赫尔曼协议等常见协议的基础。编码理论中，许多代码被构造为有限域上向量空间的子空间。纯数论中，安德鲁·怀尔斯爵士对费马最后定理的著名证明，涉及一系列复杂的数学工具，而有限域理论就是其中之一。让我们来看看这种微妙的结构是如何产生的。

一个有限域首先是个有限的阿贝尔群$(F, +)$，由此可以推断出存在一个最小正整数p，使得对于F中的每个元素a，我们有

$pa = a + a + \cdots + a = 0$（和式中有$p$个$a$）。更重要的是，可以证
明，p本身是个素数，而事实上F有个内嵌的域（$\mathbb{Z}_p$，+，·）的翻 134
版。我们如果用1这个数来表示F的乘法恒等元，那么F的这个
素数子域便可记作$Z_p = \{0, 1, 2, \cdots, p-1\}$。

我们现在可以进一步指出，F是其素数子域上的向量空间（公理在作为域的F上都成立），于是F有一个基B，比方说有n个元素。接下来，F中每个元素都可以唯一地表示成B中n个元素的线性组合，从而给出F总共的p^n个元素。重申一下，对于某个素数p及某个正整数n，任何有限域都有p^n个元素。

（F，+）和（$F\backslash\{0\}$，·）都是有限阿贝尔群。F的加法群就是$\mathbb{Z}_p$的n个翻版的直积。乘法群则更为简单，即循环群$\mathbb{Z}_q$，其中$q = p^n - 1$（当然，0不是这个群中的元素）。这可以按如下方式来证明，即运用本章第一节中提到的有限阿贝尔群的结构定理，以及分析形如$x^m = 1$的多项式方程的根，因为存在F的所有非零元素有公共幂m，其值为1。有p^n个元素的有限域是这样一种最小的域，即多项式$x^{p^n} = x$在其中有p^n个不同的根。

作为一个示例，我们来构造有限域F_9，它含$3^2 = 9$个元素。由上述说明，在加法及乘法模3的运算下，F_9的素子域会是$\mathbb{Z}_3 = \{0, 1, 2\}$。该域中，我们当然有$2 = -1$，因为$1 + 2 = 3 \equiv 0 \pmod 3$。我们现在注意到，$\mathbb{Z}_3$缺少$-1$的平方根，因为$0^2 = 0$，$1^2 = 1$，而$2^2 = 4 \equiv 1 \pmod 3$。这不禁让我们想起构造复数域的方式，于是我们就对这种情况进行补救，即通过引入一个新的符号α而赋予其$\alpha^2 = -1$这一性质，并且我们取α作为F_9的元素。这导出$\mathbb{Z}_3$这个域上同复数类似的对象，给了我们$3^2 = 9$个“复”数，它们是9个形如$a + b\alpha$的和数，其中a和b是$\mathbb{Z}_3$的元素。我们

现在依照域的法则将它们组合起来，当α的幂次出现时便运用
135 方程$\alpha^2=-1=2$。

F_9的加法表便是$\mathbb{Z}_3\times\mathbb{Z}_3$的加法表：例如，

$$(1+\alpha)+(2+\alpha)=3+2\alpha=0-\alpha=-\alpha。$$

乘法表更为有趣；如果我们在前行时记得用-1（或2）替换每个α^2，那现在就很容易汇总。F_9中非零元素的乘法群如表2所示。

计算示例：

$$2\alpha(2+\alpha)=4\alpha+2\alpha^2=\alpha+2(-1)=\alpha-2=1+\alpha;$$
$$(2+\alpha)^2=4+4\alpha+\alpha^2=(4-1)+\alpha=3+\alpha=\alpha。$$

作为一张关于群的表，表2具有拉丁方性质，因为群的每个符号在表主体的每一行及每一列中恰好出现一次。作为反映阿

表2　含九个元素的域中八个非零元素之乘积表

$\cdot$	$\mathbf{1}$	$\mathbf{2}$	$\boldsymbol{\alpha}$	$\mathbf{1+\alpha}$	$\mathbf{2+\alpha}$	$\mathbf{2\alpha}$	$\mathbf{1+2\alpha}$	$\mathbf{2+2\alpha}$
$\mathbf{1}$	1	2	α	$1+\alpha$	$2+\alpha$	2α	$1+2\alpha$	$2+2\alpha$
$\mathbf{2}$	2	1	2α	$2+2\alpha$	$1+2\alpha$	α	$2+\alpha$	$1+\alpha$
$\boldsymbol{\alpha}$	α	2α	2	$2+\alpha$	$2+2\alpha$	1	$1+\alpha$	$1+2\alpha$
$\mathbf{1+\alpha}$	$1+\alpha$	$2+2\alpha$	$2+\alpha$	2α	1	$1+2\alpha$	2	α
$\mathbf{2+\alpha}$	$2+\alpha$	$1+2\alpha$	$2+2\alpha$	1	α	$1+\alpha$	2α	2
$\mathbf{2\alpha}$	2α	α	1	$1+2\alpha$	$1+\alpha$	2	$2+2\alpha$	$2+\alpha$
$\mathbf{1+2\alpha}$	$1+2\alpha$	$2+\alpha$	$1+\alpha$	2	2α	$2+2\alpha$	α	1
$\mathbf{2+2\alpha}$	$2+2\alpha$	$1+\alpha$	$1+2\alpha$	α	2	$2+\alpha$	1	2α

贝尔群的一张表，它相对于表的主对角线的镜像是对称的。按 136
我们上面的描述，该群是循环群$\mathbb{Z}_8$，有比如$1+\alpha$作为生成元1，这意味着$1+\alpha$的八个幂次构成了整个群：

$$(1+\alpha),\ (1+\alpha)^2=2\alpha,\ (1+\alpha)^3=1+2\alpha,\ (1+\alpha)^4=2,$$
$$(1+\alpha)^5=2+2\alpha,\ (1+\alpha)^6=\alpha,\ (1+\alpha)^7=2+\alpha,\ (1+\alpha)^8=1。$$

我们用这张表，也是最漂亮的乘法表之一，来结束本书。 137

索　引

（条目后的数字为原书页码，见本书边码）

A

B

C

D

E

F

G

N

P

Q

R

S

T

U

V

Peter M. Higgins

ALGEBRA

A Very Short Introduction

Contents

Preface

Algebra is the lingua franca of the mathematical sciences and the purpose of this little book is to explain what it is about. The laws governing algebra emerge from the behaviour of numbers, and one of our themes is how many of the rules and practices of arithmetic and algebra are consequences of a small collection of fundamental laws that represent familiar properties of ordinary integers.

The first half of the book establishes much of the algebra that has been a staple of secondary school mathematics for generations, which is based on finding unknowns in linear and quadratic equations, and this the reader meets in the first four chapters. Modern algebra was born out of the struggle to solve equations of degree higher than 2, and the first part of the book culminates in Chapter 5 with finding solutions of general cubic equations, the roots of which are not necessarily just simple fractions but may involve so called irrational and complex numbers.

The second half of the book introduces modern aspects of the subject and we look at algebra that is not based on the general behaviour of numbers but involves other kinds of mathematical objects. The topic of Chapter 6 is the arithmetic of remainders, which furnishes examples of a fundamental algebra type with two operations, namely that of a ring. Matrices are the central feature of Chapters 7, 8, and 9. The origin of matrices may be traced back thousands of years to ancient China but the topic only gained traction in the middle of the 19th century, from which point it has grown to become the primary vehicle for calculation throughout mathematics, physics, and the social sciences. The historical significance of matrix theory in pure mathematics, however, is that it provided an important example of another type of algebra apart from number fields. The final chapter introduces vector spaces and finite fields.

Many aspects of algebra are touched upon in the course of the book and every piece matters. My hope is that readers will see the parts of the jigsaw come together as they move through the book and thereby gain an appreciation of algebra as a whole. Modern abstract algebra is firmly based on what are known as groups, rings, fields, and vector spaces. The reader is made aware of these constructs through examples that emerge in the development of the text. Only after that are these ideas introduced in a more formal fashion. The intention is that the reader will be left with both an overview of elementary mathematics and a taste for and an insight into contemporary aspects of the vast world of algebra.

Peter M. Higgins,
Colchester, 2015

List of illustrations

Chapter 1
Numbers and algebra

The backstory of algebra

In our schooldays, the arrival of x and y on the scene represented the point where mathematics went beyond mere arithmetic and, by acquiring a language all of its own, entered a higher realm. By passing through the portal of algebra, the subject develops surprising power, showing us things that could not be discovered in any other way. Modern science is based on mathematics, which comes about through algebraic manipulation of symbols representing quantities of interest. Algebra is the tool through which exact physical relationships are revealed, including that most famous of equations, $E = mc^2$, along with a host of others. Equations like this one, which arises in Einstein's theory of special relativity, are consequences of physical models based on experiment. Nonetheless, the relationship itself is arrived at through algebra, and it is the undoubted soundness of the underlying algebra that gives authority to the momentous conclusion that energy and mass are one and the same thing. Algebra underpins all modern systematic research. Although its contribution may be embedded in scientific software, without algebra, progress would be impossible.

The word 'algebra' is derived from the Arabic word *al-gebr*, meaning reunion of broken parts. During the 11th century, it was perhaps the Islamic world that represented the most mathematically sophisticated civilization. However, there was no algebraic manipulation of the kind seen in modern texts, and medieval mathematical writing throughout the world of Marco Polo was rhetorical, with everything being described in words. Algebra of a kind that we might recognize did not appear until the 17th century. The scarcity of paper may have held back the spontaneous development of mathematical symbology, but it should be appreciated also that ancient scholars faced obstacles that obscured the underlying mathematical landscape of arithmetic.

When we carry out algebraic manipulation we introduce arbitrary symbols, x and y being the most common, which stand for fixed but unspecified numbers, and these symbols are manipulated according to the laws of arithmetic. The argument underpinning all we do is that, no matter what the numbers x and y may be, the relationships that emerge from our manipulations are true as they are consequences of our initial assumptions and of rules that apply to all numbers, independently of their particular values. The use of algebraic symbols to stand for unknown quantities is a convenient abbreviation, and although that brevity certainly facilitates reasoning, the real power of algebra stems from the universality of interpretation that the symbols afford, which allows them be wielded in a powerful manner that cannot be matched by words alone.

In order to realize the potential of algebra, we need to be able to move our symbols about in an uninhibited fashion, making free use of the operations of arithmetic, particularly the fundamental pairs of operations: addition and subtraction, multiplication and division. For that we need a number system fit for purpose. If, for example, we reject negative quantities as meaningless or, more fundamentally still, we fail to treat zero as a number, we will be handicapped and deny ourselves the freedom that algebra offers to explore the world of unknown quantities. A cloud of confusion needed to be dissipated before the existence of the algebraic world that we take for granted could even be glimpsed, never mind properly understood and developed.

Great minds of the past would have been stunned at the ease with which a modern student can use algebra to completely solve problems that they found impossible and perhaps even had difficulty formulating with any clarity. For example, school algebra is enough to prove that the square root of a whole number, for example $\sqrt{36}$ or $\sqrt{42}$, either is another whole number or is not a fraction at all. The ancient Greek scholars put great effort into this question and used their geometric methods to show that some particular square roots up to $\sqrt{17}$ were not fractions. The general problem, however, defeated them, yet this and many others beyond the reach of the ancients can be completely understood by the reader of an OUP *Very Short Introduction*, as you shall see.

The number system

In order to harness the power of algebra we need a number system that meets its demands. Part of those demands is the freedom to perform the four basic arithmetic operations with symbols standing for arbitrary or unknown numbers. However, the collection of ordinary counting numbers has shortcomings in this regard. The numbers that arise through counting, $1, 2, 3, \ldots$ are known as the *natural numbers* because they emerge more or less of their own accord once we begin to tally things up. This set of numbers is denoted by $\mathbb{N}$, and $\mathbb{N}$ is *closed* under the operations of addition and multiplication, meaning that if we begin with two natural numbers we may add or multiply them together and the answer is always another natural number. Subtraction, however, is a different story. Subtraction is the taking away of one number from another and is the reverse or, as mathematicians prefer to say, the *inverse* operation to addition. Applying subtraction in sums such as $3 - 5$ where the second number is larger that the first takes us out of $\mathbb{N}$ and into the realm of the *negative integers*, as they are called. When this kind of difficulty arises, we do not give up but rather adopt the attitude that our number system is currently inadequate and should be extended to allow continuation of our calculations.

The standard model of numbers that pervades all of advanced mathematics and engineering is the field of so-called complex numbers, denoted by $\mathbb{C}$. The journey from $\mathbb{N}$ all the way to $\mathbb{C}$ was long and was not truly completed until the 19th century. Prior to that there was much philosophical agonizing as to the reality, meaning, and validity of numbers other than the natural numbers. We shall, however, introduce the required number types without hesitation.

Having said this, we begin by adjoining to $\mathbb{N}$ the number zero, denoted by 0, which may be added to or subtracted from any number without changing its value. It must be conceded that 0 is not a member of the *positive integers*, as the natural numbers are sometimes called, but 0 is a number nonetheless and will need to find its place in our system of arithmetic. We next introduce a negative mirror image for each positive number; for instance, -6 is the negative partner for 6.

Although not necessary for the development of the subject, it is often easiest to picture and explain the behaviour of numbers by imagining them sitting along the *number line*. This is a horizontal line with the integers placed at equally spaced points along its length. We place 0 in the middle, the positive integers marching off to the right in their natural ascending order and the negatives occupying the mirror positions to the left of zero.

The collection of all *integers*, as this set is called, positive, negative, and zero, is represented by the symbol $\mathbb{Z}$, while $\mathbb{Q}$ stands for the collection of *rational numbers*, which comprise all fractions together with their negatives. The set $\mathbb{Z}$ lies within $\mathbb{Q}$, as an integer n is equal to the rational number $n/1$. (We say that $\mathbb{Z}$ is a *subset* of $\mathbb{Q}$, and, in like manner, $\mathbb{N}$ is a subset of $\mathbb{Z}$.) However, two rational numbers such as $3/9$ and $7/21$ are considered to be equal as they both cancel down to the same fraction, in this case $1/3$. Any positive rational number has a unique representation as a fraction cancelled to *lowest terms*, a/b, where a and b have no common factor other than 1. The rational numbers too may be pictured as lying along the number line in their natural order, densely and uniformly spread throughout its length.

To add a positive number n to another number m (positive or not), we begin at m and move n places to the right on the number line, while to subtract n we move n places to the left. In the set $\mathbb{Z}$, each number n has an opposite, $-n$, and we now use this feature to define addition of negatives in terms of subtraction. We declare that subtraction of any number n is to mean the same thing as the adding of its opposite, $-n$, so that adding a negative number $-n$ moves us n places to the *left* on the number line. It follows that to *subtract a negative number* $-n$, we add its opposite, n. In other words, to subtract the negative number $-n$ we move n places to the *right* on the number line.

This way of looking at things leads to familiar sums such as

$$(-1) + 4 = 3, \quad 6 + (-11) = -5, \quad (-8) + 6 = -2, \quad 1 - (-9) = 1 + 9 = 10,$$

as pictured in Figure 1.

The brackets around -1 and other negatives here are not strictly necessary but are introduced to avoid either beginning a string

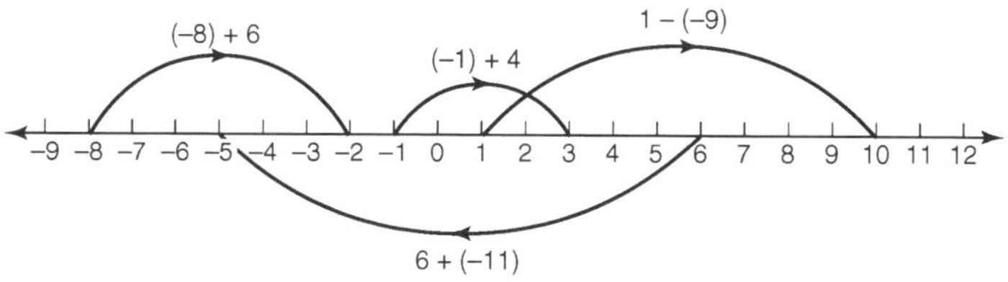

1. Addition and subtraction on the number line.

with an operation symbol or a clash of two operation symbols, for instance + and −. The need to do this comes about because we have loaded the minus symbol with two slightly different meanings: the minus sign is used both to indicate the taking of the opposite of an integer, which is an operation on a single number, and also to stand for subtraction, which is an operation on two numbers taken in a particular order.

Up to this point, we have not invoked anything that you might call a Law of Algebra to explain how our arithmetic works. The justification for our rules depends, rather, on extending the idea of subtraction to the entire collection of integers, which has been ordered in a natural linear fashion. In Chapter 2, we explore the laws that govern arithmetic operations and explain how these rules are extended so that they continue to be respected as we pass from one number system to a greater one that subsumes the former.

Number factorization

Although division of one integer by another generally leads to a fractional answer that lies outside the integers, division of one whole number by another may have an integer outcome, and the nature of how and when this happens is important and finds analogues in other algebraic systems we shall meet, such as polynomials. For that reason, we now record the main features of integer division. We will begin to use both *power notation* (for instance, writing $2 \times 2 \times 2$ as 2^3) and the 'less than' and 'less than or equal to' signs, $<$ and $\leq$, respectively (for example, $4 < 7$ and $-3 < 2$, as in each instance the first number lies to the left of the second on the number line). When it is understood that we are dealing with multiplication of numbers represented by letters such as a and b, we normally take the multiplication sign as given and so write ab or sometimes $a \cdot b$ instead of $a \times b$. We tend to avoid the cumbersome $\times$ sign and sometimes write arithmetic expressions like $2 \times (-3) \times 4$ as $(2)(-3)(4)$.

An integer a is a *factor* or *divisor* of another integer b if b can be written as $b = ac$, where c is itself an integer (equally, of course, c is then also a factor of b). A *prime* is a positive integer such as 71 that has just two positive factors, those necessarily being 1 and the number itself. An integer exceeding 1 that is not prime is called *composite*, as it is composed of smaller factors. For example $72 = 8 \times 9$. We say that 8 is a factor of 72 or that 8 *divides* 72 or that 72 is a *multiple* of 8: we sometimes denote this relationship by $8|72$, which is simply shorthand for '8 is a factor of 72'. Successively factorizing the divisors of a given number as far as possible will eventually yield the *prime factorization* of the number. In our example, $72 = 8 \times 9 = 2^3 \times 3^2$. We could have found the prime factorization of 72 by another route by writing $72 = 6 \times 12 = (2 \times 3) \times (4 \times 3) = (2 \times 3) \times (2 \times 2 \times 3)$, but rearranging the prime factors from lowest to highest yields the same result as before, and we say that $2^3 \times 3^2$ is *the* prime factorization of 72. The *Fundamental Theorem of Arithmetic* says that the prime factorization of any natural number n (with the prime factors written in ascending order) is unique. This uniqueness can be deduced from an even more basic property of numbers, *Euclid's Lemma*, which says that if a prime number p divides a product ab, so that $p|ab$, then p is a factor of a or a factor of b (or perhaps a factor of both). An equivalent formulation of Euclid's Lemma is that *if* neither a nor b is a multiple of the prime p, *then* nor is their product ab. Although plausible, this property is not self-evident, and we do not prove Euclid's Lemma here. We shall, however, explain more about why it holds later in this section. (My VSI *Numbers* explains in detail all the properties of integers that are taken for granted here.)

The general pattern that arises when one natural number, a, is divided by another, b, is as follows. To divide b into a, we subtract as many b's as we can from a, q say, until the *remainder* $r < b$. In this way, we get $a = bq + r$. This expression is unique: there is only one value for q and one for r that make this equation true, remembering that we are insisting that $0 \leq r \leq b - 1$. There are special cases, for instance $q = 0$ exactly when $a < b$, in which case $r = a$. More interestingly, $r = 0$ exactly when $b|a$, in which case $a/b = q$.

As a representative example, if $a = 72$ and $b = 13$ then $72 = 13 \times 5 + 7$, so here we have $q = 5$ and $r = 7$. This process of producing the equation $a = bq + r$ for given a and b is known as the *Division Algorithm*.

One fundamental algebraic idea that we first meet in arithmetic is that of the *greatest common divisor* (gcd), also known as the *highest common factor*, of two positive integers a and b. As the name seeks to convey, the gcd of a and b is the largest number d that is a factor of both a and b; since a and b always have at least one common factor, that being the number 1, the gcd certainly exists. We call two numbers a and b *relatively prime* to each other if their gcd is 1. For example, $15 = 3 \times 5$ and $28 = 2^2 \times 7$ are relatively prime (although neither number is itself prime). The question remains, however, as to how we may compute the gcd of two given numbers.

The gcd, d, can be found through comparison of the prime factorizations of a and b, for the prime factors of d are just those common to a and b. There is, however, a better way of finding it, known as the *Euclidean algorithm*, which not only is quicker but also reveals other useful relationships. We shall explain the algorithm shortly, but first we draw attention to certain basic properties of common factors.

Suppose that c is any common factor of a and b, so that $a = ct$ and $b = cs$, say. Then c is also a factor of any number r of the form $r = ax + by$, where x and y are themselves integers (which may be negative or zero). To show this we locate and 'take out' the common factor of c in the expression $ax + by$, as follows:

$$r = ax + by = ctx + csy = c(tx + sy). \qquad (1)$$

Since $tx + sy$ is another integer, we have that c is indeed a factor of r.

An immediate consequence of (1) is that it applies to our Division Algorithm equation written in the form $r = a - bq$, for it tells us that any common factor of a and b is also a factor of r. By the same token, it follows from $a = bq + r$ that any common factor of b and r is also a factor of a. Hence the set of all common factors of a and b is the same as the set of all common factors of b and r and, in particular, the gcd of a and b is likewise the gcd of b and r. This allows us to work with the pair b and r instead of b and a and, since $r < b$, this simplifies our problem of finding the gcd as we can now apply the Division Algorithm to the pair (b, r) and repeat the process until the gcd of a and b emerges. This process is known as the Euclidean Algorithm.

Let us act with the algorithm on the pair $a = 189$ and $b = 105$. We underline the two numbers in hand at each stage and divide the smaller into the larger, discarding the larger as we proceed from one line to the next. We halt the procedure when the remainder becomes 0, indicating that the remainder on the previous line is the required gcd:

$$\underline{189} = 1 \times \underline{105} + 84,$$

$$\underline{105} = 1 \times \underline{84} + 21,$$

$$\underline{84} = 4 \times \underline{21},$$

and so the gcd of 189 and 105 is 21 ($189 = 9 \times 21$ and $105 = 5 \times 21$).

These equations themselves have uses as they can be reversed to express the gcd, d, in terms of the original numbers, a and b. We begin with the second last equation and make d the subject, giving in this case $21 = 105 - 84$. Then we use each equation in turn to eliminate an intermediate remainder: in our example, the first equation gives $84 = 189 - 105$ and so overall we have

$$21 = 105 - (189 - 105) = 2 \times 105 - 1 \times 189.$$

There are interesting theoretical consequences as well, which we will call upon in Chapter 6. We proved earlier in this section that any common factor c of a and b is also a factor of any number of the form $ax + by$, and since the gcd d of a and b has this form, which may be found by reversing the steps of the Euclidean Algorithm, it follows that *any* common factor c of a and b divides their gcd d. Moreover, $a' = a/d$ and $b' = b/d$ have a gcd of 1, for suppose that t is a common factor of a' and b' so that $a' = ta''$ and $b' = tb''$, say. We shall verify that $t = 1$. (The use of dashes is a way of reminding ourselves that a' and a'' are factors of a: of course, any new symbol could be used.) The previous equations imply that $a = da' = dta''$ and $b = db' = dtb''$, whence dt is a common factor of a and b. Since, however, d is the gcd of a and b, it follows that $t = 1$ and a' and b' are indeed relatively prime. In our example, $a = 189$, $b = 105$, and $d = 21$; dividing through by the gcd gives $189/21 = 9$ and $105/21 = 5$, and 9 and 5 have no common factor (apart from 1).

The fact that the gcd of two numbers a and b may be written in the form $ax + by$ lies at the heart of a host of algebraic proofs about numbers, Euclid's Lemma being just one of many examples.

Chapter 2
The laws of algebra

Rules, tricks, and traps

As mathematical novices we stumble through the world of algebra, suffering bumps and bruises along the way, much as we did when learning to walk. Almost by experiment we discover a list, often a rather long and disorderly list, of things that we can and cannot do when moving symbols about, and thereby form a collection of algebraic rules to live by.

In centuries past, it was worse, for the subject had no systematic foundation and it was not clear to what extent it was to be taken seriously. The 11th-century Persian mathematician and poet Omar Khayyam insisted that algebra was not merely a box of tricks for finding unknowns but rather an alternative path to geometrical truths. Despite this insight, he lacked anything resembling modern algebraic notation. Even negative numbers were regarded as formalisms at best, which held no intrinsic meaning but only mattered as part of some larger calculation.

Our approach here focuses on just three laws and we motivate them through our experience of working with the integers. First, however, a word about bracketing.

Brackets are used to indicate in which order the separate operations in an expression are to be carried out. When writing a sum like $3 + 7 + 8$, however, we do not feel the need for brackets, as the two alternative ways of bracketing the expression lead to one and the same answer:

$$(3 + 7) + 8 = 10 + 8 = 18; \quad 3 + (7 + 8) = 3 + 15 = 18.$$

We say that the operation of addition is *associative*, meaning that $(a + b) + c = a + (b + c)$ always holds for arbitrary numbers a, b, and c. In the same way, we have the *associative law of multiplication*: $a(bc) = (ab)c$.

That numbers can be relied on to obey this pair of associative laws is not obvious, although it may be familiar. We shall, however, take this pair of laws for granted, although at the same time it should be appreciated that associativity fails for subtraction and for division. For example,

$$(11 - 6) - 3 = 5 - 3 = 2; \quad \text{but } 11 - (6 - 3) = 11 - 3 = 8.$$

You always have to take care when there are brackets and minus signs about. If we want to remove the brackets in the second sum we need to change the sign on each term in the bracket, and not just the first one, to get the correct result:

$$11 - (6 - 3) = 11 - 6 + 3 = 5 + 3 = 8.$$

Similarly, division is not associative either:

$$(24 \div 6) \div 2 = 4 \div 2 = 2; \text{ yet } 24 \div (6 \div 2) = 24 \div 3 = 8.$$

So different bracketings yield different outcomes.

There is a convention that sometimes avoids the need for bracketing: for example, when we write $11 - 6 - 3$, it is understood that this means $(11 - 6) - 3$, so that the operations are carried out in the order we meet them when working from left to right.

As a general principle, in the absence of bracketing directing us otherwise, the convention is that when there is a mix of multiplications and additions, multiplication takes precedence over addition, so for instance $4 + 7 \times 3$ implicitly means $4 + (7 \times 3) = 4 + 21 = 25$. If we required the addition to be performed first, we would need to communicate this through bracketing and write $(4 + 7) \times 3 = 11 \times 3 = 33$. We need to appreciate that $a + b \times c$ is just an abbreviated way of writing $a + (b \times c)$ and so this convention does *not* represent a law of algebra, since it does not assert a general fact about the nature of numbers.

There is a real law, however, that ties addition and multiplication together, and that is the *distributive law*—it's the one that tells us how to multiply out the brackets:

$$a(b + c) = ab + ac.$$

For positive a we can see why this law holds, as it is saying

$$\underbrace{(b + c) + (b + c) + \ldots + (b + c)}_{\times a} = \underbrace{(b + b + \ldots + b)}_{\times a} + \underbrace{(c + c + \ldots + c)}_{\times a},$$

which we can see comes about because when we add up a lots of b and a lots of c, the outcome is independent of the order in which the numbers are added. In saying this we are assuming another law, the *commutative law* of addition,

$$a + b = b + a,$$

a law that holds equally well for multiplication: $ab = ba$. These, then, are the laws that we will take forward with us: associativity and commutativity of addition and of multiplication, and the distributive law of addition over multiplication.

As a taste of what these rules are good for, we shall prove that $a \times 0 = 0$. Since $0 + 0 = 0$, we have by the distributive law that

$$a \times 0 = a \times (0 + 0) = (a \times 0) + (a \times 0).$$

Hence the number $b = a \times 0$ has the property that $b = b + b$. Subtracting b from both sides of this little equation now gives that $0 = b$, which is to say that $a \times 0 = 0$.

We are getting a little ahead of ourselves—we shall examine this kind of thing again later—but this argument does give an example of the way in which some properties of numbers are consequences of the laws of algebra as we have outlined them and do not have to be assumed.

Next we compare division with subtraction. We identify subtraction of a with the addition of its opposite, $-a$, where $-a$ is the number which when added to a gives zero: $a + (-a) = 0$. In algebra we call $-a$ the *inverse* of a with respect to addition. The number 0 is the *additive identity*, the number which when added to any other does not change its value: $a + 0 = a$. We duplicate this pattern with the operation of multiplication in order to define division in a consistent fashion.

First we identify the *multiplicative identity*, the number that when *multiplied* by any other number a does not alter its value. This number is of course the number 1: $a \times 1 = a$. The inverse of a number a is then its reciprocal, $1/a$, as $1/a$ has the property that $a \times 1/a = 1$. Analogously with subtraction, we now *define* division by a number a as multiplication by its inverse, $1/a$, so, for example, $8 \div (2/3) = 8 \times (3/2) = 4 \times 3 = 12$ as, for $a = 2/3$, $1/a = 3/2$ because $(2/3) \times (3/2) = 1$. Division is the inverse operation to multiplication. And now we can explain another algebraic fact as well,

$$\frac{a+b}{c} = \frac{a}{c} + \frac{b}{c}, \tag{2}$$

by pausing to contemplate what (2) actually says. Since dividing by c means multiplying by $1/c$, (2) can be written as

$$\frac{1}{c}(a+b) = \frac{1}{c} \cdot a + \frac{1}{c} \cdot b,$$

whereupon we see that rule (2) is nothing new but is rather just a special case of the distributive law.

When in doubt about what to do with an algebraic expression, a rule of thumb is 'put everything over a common denominator'. This step is based on the distributive law and is so commonly called upon that it needs to be made explicit. What this entails is a general description of what is done when two fractions are added:

$$\frac{a}{b}+\frac{c}{d};$$

the *denominators* (bottom lines) here are different, and that is a real incompatibility. These fractions use two different units of measurement: the first measures in terms of $1/b$, the second in terms of $1/d$. To make progress we need to express both fractions with a common denominator. The product bd is always a common multiple of b and d, so we continue in that way, using $1/bd$ as a common measure for both fractions, making use of our rule (2) in the reverse direction to complete the sum. However, whenever we multiply one of the denominators by some number, the same multiplication must be applied to the *numerator* (top line) as well so as not to change the value of the fraction. Following these dictums, the algebra goes as follows:

$$\frac{a}{b}+\frac{c}{d}=\frac{ad}{bd}+\frac{bc}{bd}=\frac{ad+bc}{bd}.$$

The distributive law also allows us to expand brackets involving sums of any length. A fundamental algebraic fact involves expansion of the square of a sum of two terms: $(a+b)^2$. Assigning a temporary symbol c to the first factor, $a+b$, we may harness the distributive and commutative laws together to obtain

$$\begin{aligned}(a+b)^2 &= c(a+b) = ca+cb = ac+bc = a(a+b)+b(a+b)\\ &= a^2+ab+ba+b^2,\end{aligned}$$

whereupon gathering together the two like terms in the centre gives

$$(a+b)^2 = a^2 + 2ab + b^2. \quad (3)$$

We call a result like (3) an *algebraic identity*, meaning that (3) is always true no matter which numbers are substituted for a and b. This is in contrast with an *equation*, such as $x^2 - 9x + 8 = 0$, which only holds for some values of x: in this case the equation is only valid if $x = 1$ or $x = 8$.

The operation of 'collecting together like terms' is again just an instance of the distributive law. For example, let's tidy up the algebraic expression

$$4a^2 - 5ab - a^2 + ba = 4a^2 - a^2 + ab - 5ab,$$

where we have rearranged the order of terms and within terms using commutativity. We continue with the 'collection' by employing the distributive law:

$$= a^2(4-1) + ab(1-5) = 3a^2 - 4ab.$$

Normally, of course, we do not record this level of detail but it should be appreciated that all common algebraic manipulations are, at bottom, justified by invoking the associative, commutative, and distributive laws.

A sister identity for (3) is arrived at for $(a-b)^2$ through writing c for $a-b$:

$$(a-b)^2 = c(a-b) = ac - bc = a(a-b) - b(a-b)$$
$$= a^2 - ab - ba + b^2,$$

and hence we obtain

$$(a-b)^2 = a^2 - 2ab + b^2.$$

We must not forget the presence of the *cross-terms*, $\pm 2ab$ (plus or minus $2ab$), in these expansions. In contrast, when we expand

$(a-b)(a+b)$ the cross-terms have opposite signs, thereby cancelling each other out. This yields an important expression for the *difference of two squares*:

$$a^2 - b^2 = (a-b)(a+b).$$

It is the use of the distributive law in this direction, where we express a sum or difference of terms as a product, which is particularly important. All throughout mathematics, whether we are dealing with numbers or with algebraic expressions, finding factorizations can be particularly useful. There is no end to the number and variety of factorization identities that can be discovered. Each of them can be routinely verified using the laws of algebra, but finding them in the first place is not such a mechanical process. As another sample, we list the sum and difference of two cubes:

$$a^3 + b^3 = (a+b)(a^2 - ab + b^2); \quad a^3 - b^3 = (a-b)(a^2 + ab + b^2).$$

A nice problem that exploits these ideas is the following: a rectangle of perimeter 28 is inscribed in a circle of radius 6. What is its area?

First, label the unknown sides of the rectangle as a and b, (Figure 2). The perimeter information is captured by the equation $2a + 2b = 28$, which gives $a + b = 14$. The diameter of the circle is $2 \times 6 = 12$ and so, by Pythagoras's Theorem, we have $a^2 + b^2 = 12^2$.

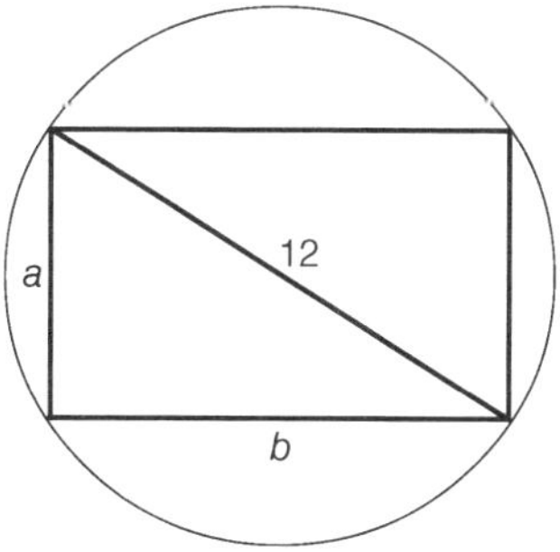

2. Area of the inscribed rectangle = ?

Finding a and b is now possible but is not required. We should keep our eyes on the prize—the question asks for the *area* of the rectangle, which is the product ab, and that may be found immediately using the identities just derived:

$$(a+b)^2 = a^2 + b^2 + 2ab \text{ and so in particular } 14^2 = 12^2 + 2ab,$$

$$\therefore ab = \frac{1}{2}(14^2 - 12^2) = \frac{1}{2}(14-12)(14+12) = \frac{1}{2} \cdot 2 \cdot 26 = 26.$$

Powers, indices, and the Binomial Theorem

Since powers are beginning to emerge in our considerations, this is a suitable juncture to explain how they operate in general. The superscript in a power such as a^5 is called its *index*. The *first law of indices* is that $a^m \times a^n = a^{m+n}$. This is merely a counting statement, as the indices m and n are the respective numbers of terms in the product, so, for instance,

$$a^2 \times a^3 = (a \times a) \times (a \times a \times a) = a^{2+3} = a^5.$$

In much the same way, we can make sense of the *second law of indices*, which says that $a^n/a^m = a^{n-m}$ through cancellation of common terms: for example,

$$\frac{a^5}{a^2} = \frac{a \times a \times a \times a \times a}{a \times a} = a^{5-2} = a^3.$$

Finally, the *third law of indices*, $(a^m)^n = a^{mn}$, is yet another counting statement: for example,

$$(a^2)^3 = (a \times a) \times (a \times a) \times (a \times a) = a^{2\times 3} = a^6.$$

These rules show us the way to set up the definitions of negative and fractional powers, as that is done so that the three laws continue to be obeyed, a standard approach to generalization in mathematics. For instance, for any positive number a, by $a^{1/2}$ we mean $\sqrt{a}$, for then

$$a^{1/2} \times a^{1/2} = \sqrt{a} \times \sqrt{a} = a = a^1 = a^{1/2+1/2},$$

in accord with the first law. More generally, $a^{1/n}$ is defined to be the nth root of a. By a^{-1} we mean $1/a$, as this is consistent with the second law in situations such as

$$\frac{a}{a^2} = \frac{1}{a},$$

because subtracting the indices here leads to an index of $1 - 2 = -1$. The second law also requires that we define $a^0 = 1$ in order to be consistent with divisions such as $a^2/a^2 = 1$, as subtraction of the indices in this instance gives $2 - 2 = 0$.

The inverse operation of taking a power to a particular base is called the *logarithm* to that base. Each index law has a mirror image in this inverse process, which leads to the logarithms of products and quotients being equal to the sums and the differences of the logarithms, respectively. Since it is easier to add than to multiply, logarithms became the basis for complex calculations from the 17th century up until the time of the Moon landings.

There is a general expression describing the expansion of $(x + y)^n$ known as the *Binomial Theorem*. To find all the terms in the expansion, we need to sum the results of multiplying one term, either an x or a y, from each bracket. Since there are n brackets, and two terms in each bracket, this will lead to 2^n terms in all. However, there are only $n + 1$ different types of terms: if the variable x is chosen from a bracket on k occasions, where k could be any number ranging from 0 to n, then the alternative choice of y must be made on $n - k$ occasions, to give a term $x^k y^{n-k}$. We shall get one term $x^k y^{n-k}$ for each choice of k of the brackets $(x + y)$ from the list of n. The number of ways of choosing a set of k members from a set of n members is called a *binomial coefficient*, and this number crops up so often that it has its own notation: $\binom{n}{k}$. We will soon find the value of $\binom{n}{k}$ in terms of n and k, but in any event we have the following version of the expansion of $(x + y)^n$:

$$(x + y)^n = \binom{n}{0} x^0 y^n + \binom{n}{1} x y^{n-1} + \ldots + \binom{n}{k} x^k y^{n-k} + \ldots + \binom{n}{n} x^n y^0.$$

We can express this more compactly using *summation notation*: the Σ sign indicates that the following terms should be summed over the full range of values of k indicated above and below the Greek capital sigma:

$$(x+y)^n = \sum_{k=0}^{n} \binom{n}{k} x^k y^{n-k}. \qquad (4)$$

There is one symmetry that often helps with binomial coefficients: whenever we choose a set of size k from a set of size n we simultaneously choose a set of size $n-k$, that being the complementary set of $n-k$ members of the n-set that were left behind when we chose the original k-set. It follows that we always have

$$\binom{n}{k} = \binom{n}{n-k}.$$

It is now simple to see that $\binom{n}{0} = \binom{n}{n} = 1$ and $\binom{n}{1} = \binom{n}{n-1} = n$. Applying this to the case $n = 3$ gives

$$(x+y)^3 = x^3 + 3x^2y + 3xy^2 + y^3,$$

and noting that there are six pairs that can be chosen from the set $\{1, 2, 3, 4\}$, which is to say $\binom{4}{2} = 6$, we obtain

$$(x+y)^4 = x^4 + 4x^3y + 6x^2y^2 + 4xy^3 + y^4.$$

We need, however, to know how to calculate the general binomial coefficient. The answer involves so-called *factorial* notation: we define $k!$, read as 'k factorial', as the product $k(k-1)(k-2)\ldots 2$, so, for example, $6! = 6 \times 5 \times 4 \times 3 \times 2 = 720$. The answer to our question is then

$$\binom{n}{k} = \frac{n!}{k!(n-k)!}, \qquad (5)$$

although we need to adopt the convention that $0! = 1$ so that (5) gives the correct number in all circumstances. (This is similar to how we define $a^0 = 1$ in order that the index laws remain as general as possible.) To see that (5) is correct, we first ask for the number $P(n, k)$ of strings of length k that can be formed using k of the symbols 1, 2, . . . , n (with no repeats allowed). We can choose the first number in n ways; for each such choice there remain $n - 1$ ways to choose our second number, $n - 2$ ways to choose the third number, and so on, there being $n - k + 1$ ways of choosing the kth number. (Note that the first term in the product is n, not $n - 1$, so the final term is $n - k + 1$, and not $n - k$.) This provides a bridging expression:

$$P(n, k) = n(n-1)\ldots(n-k+1) = \frac{n!}{(n-k)!},$$

where the second equality is justified through cancellation of terms. Finally, each choice of a k-set, and there are $\binom{n}{k}$ of these, gives rise to $k!$ different strings of length k: for example, there are $4! = 24$ ways to arrange the four symbols a, b, c, d in a row. In this way, we obtain the result (5), for then

$$\binom{n}{k} \times k! = P(n, k) \quad \text{and so} \quad \binom{n}{k} = \frac{P(n, k)}{k!} = \frac{n!}{k!(n-k)!}.$$

For example,

$$\binom{7}{4} = \frac{7!}{4!3!} = \frac{7 \cdot 6 \cdot 5}{3 \cdot 2} = 7 \cdot 5 = 35.$$

Binomial coefficients arise constantly in enumeration problems and satisfy a host of identities that makes them very amenable to manipulation. Interesting facts are revealed by taking special values for the binomial terms x and y. To give one example, putting $x = y = 1$ in the Binomial Theorem (4) yields

$$(1+1)^n = 2^n = \sum_{k=0}^{n} \binom{n}{k}. \qquad (6)$$

This has the following interpretation. We can in principle count all the possible subsets of a set of size n by adding up the numbers of all the subsets of size k from the least possible value of $k = 0$ (the *empty set*) to the maximum value of $k = n$ (the full set). This sum is of course just that of the right-hand side of (6), so, in other words, the total number of subsets of a set of size n is equal to 2^n.

The rules governing arithmetic

We close this chapter with some observations mainly concerning multiplication. There is one feature of its inverse operation, division, of which we need to be wary. We have already shown that $a \times 0 = 0$ is always true, and so it follows that 0 has no multiplicative inverse, which is to say there is no number a such that $a \times 0 = 1$. This is why our teachers impressed upon us the fact that 'you can't divide by 0', because the number $1/0$ does not exist.

In practical algebra, this represents a real pitfall. As we have already mentioned, the strength of algebra comes from manipulation of symbols in a fashion that is valid no matter which numbers are substituted for the symbols. However, when we *divide* by an algebraic expression, we must ensure that the expression does not represent 0, for if that were the case, we would be talking nonsense. We need to be mindful of this throughout our algebraic lives but, on the other hand, the vanishing denominator is the source of much that is wonderful in mathematics. Dividing into 0, however, is not a problem: for any $a \neq 0$, we have $0/a = 0 \times (1/a) = 0$.

Having established earlier that multiplication by 0 gives 0, we can now prove in a similar way that $(-1) \times (-1) = 1$. To prove this mysterious fact, we make use of the distributive law to argue as follows:

$$0 = (-1) \times 0 = (-1) \times (1 + (-1)) = (-1) \times 1 + (-1) \times (-1)$$

and so it follows that

$$0 = (-1) + (-1) \times (-1).$$

Adding 1 on the left to both sides of this equation gives us the desired result:

$$1 = (-1) \times (-1),$$

although we should note that in carrying out this final step, we use associativity of addition to bracket together $1 + (-1)$ so that the right-hand side becomes $0 + (-1) \times (-1) = (-1) \times (-1)$. This argument proves that 1 is the only value we may assign to $(-1) \times (-1)$ that remains consistent with the laws of algebra.

If a number x acts like the opposite of a number a, then it is its opposite, $-a$. To see this, suppose that $a + x = 0$; then adding $(-a)$ to both sides on the left and using associativity to bracket the first two terms on the left-hand side (LHS) together gives

$$((-a) + a) + x = (-a) + 0$$

$$\Rightarrow 0 + x = -a,$$

$$\Rightarrow x = -a,$$

where the symbol '$\Rightarrow$' is read 'implies': in general, $A \Rightarrow B$ means that if A is true, then B is true.

What we have here is the mathematical equivalent of the adage that if something looks like a duck and quacks like a duck, then it is a duck. Since the number x behaves like the opposite of a, it must indeed be $-a$. This fact is often expressed as saying that the inverse $-a$ of a is unique, meaning that no number other than $-a$ can be added to a to get the additive identity, 0. Similarly, $1/a$ is the only number that can be multiplied by a to get the multiplicative identity, 1. The reader may care to show by similar arguments that if $a + b = a$ then $b = 0$, while for non-zero a, if $ab = a$ then $b = 1$, and so the additive and the multiplicative identities of the integers are unique.

Using the fact that $a \times 0 = 0$ we may now, by expanding $a(b + (-b))$, see that $ab + a(-b) = 0$, and so, by the uniqueness of additive inverses, we conclude that $a(-b) = -(ab)$. In particular, it follows from this that the product of a positive and a negative number is negative. From this point we can derive that the product of two negatives is positive, a fact that we implicitly assumed when expanding $(a - b)^2$: two arbitrary negative numbers can be written as $-a$ and $-b$, where a and b are positive numbers. Using commutativity of multiplication, we now obtain

$$(-a) \times (-b) = (a \times (-1)) \times (b \times (-1))$$
$$= (a \times b) \times (-1) \times (-1) = a \times b.$$

The behaviour of the integers under multiplication may well be familiar. What we have done in this section, however, is to show that these rules are all algebraic consequences of the associative, commutative, and distributive laws along with the defining properties of 0 and 1 as the respective additive and multiplicative identity elements of the integers.

Chapter 3
Linear equations and inequalities

In this chapter we describe how to solve the simpler types of equations in one unknown, which are the linear equations, and simultaneous linear equations in two or more unknowns. We also introduce manipulation of inequalities, and the chapter closes with an example of finding the values of unknown quantities that satisfy particular equations while being constrained to lie within certain ranges.

Single equations with one unknown

Gilbert and Sullivan's model Major General boasted that he could solve equations both simple and quadratical. By 'simple' he meant ones of the form

$$ax + b = c,$$

where a, b, and c are given numbers and x is the unknown number to be found. Of course, there is no loss in assuming that the *coefficient* a of x is not zero. Any simple equation can be solved in two steps. We make x the subject of the expression by first subtracting b from both sides and then dividing by a, and in this way obtain

$$ax = c - b \qquad \text{and so } x = \frac{c - b}{a}.$$

This provides a formula by which to solve any simple equation. However, there is no need to rely on the formula, as we may carry out these steps in any particular case. For example, the equation $3x + 7 = 34$ is solved by saying $3x = 34 - 7 = 27$, and so $x = 27/3 = 9$.

The way we went about solving our equation has the seed of a fundamental idea. If we have *any* equation containing an unknown, x say, which appears only once, we may solve it by making x the subject of the formula represented by the equation.

But how do we do that? We unravel the process that embedded x into the equation in the first place: step by step, we reverse each operation, taking them in reverse order.

It is best to give an example to illustrate this general procedure. In this case, x is a number that is also the name of a film. I take x, subtract 4, multiply the resulting number by 2, then add 12, and finally divide the entire thing by 3, with the overall result being the number 7. What then is the name of the movie?

Beginning with the symbol x, the sequence of operations is as follows:

$$x \to x - 4 \to 2(x - 4) \to 2(x - 4) + 12 \to \frac{2(x - 4) + 12}{3} = 7. \quad (7)$$

To extract the x from the equation in (7) we reverse each of the operations, doing this in the inverse order. Getting the order right is vital—after putting on your socks and shoes, it is important that you undress by *first* removing your shoes and then your socks. Always bear this *last-on first-off* principle in mind. The inverse process here yields a sequence of operations that we may represent symbolically as

$$\times 3 \to -12 \to \div 2 \to +4.$$

We carry out these four inverse operations in turn on both sides of our equation to yield a sequence of increasingly simple expressions:

$$2(x - 4) + 12 = 3 \times 7 = 21$$

$$\Rightarrow 2(x - 4) = 21 - 12 = 9$$

$$\Rightarrow x - 4 = \frac{9}{2}$$

and so

$$x = \frac{9}{2} + 4 = \frac{9 + 8}{2} = \frac{17}{2};$$

the film is Fellini's $8\frac{1}{2}$.

Our equation (7) is still a simple equation or, as they are more often called, a *linear* equation. A linear equation is one that can be written in the form $ax + b = c$, and (7) can be converted to that form for, starting from the $2(x - 4) = 9$ stage, we may expand the bracket by the distributive law to obtain $2x - 8 = 9$ and this is an equivalent equation, meaning that it is a consequence of and has the same solution as the original. The reason why the term *linear* is used stems from the general fact that the graph of all points (x, y) such that $y = ax + b$ is a straight line (Figure 3): the line *intercepts* the y-axis at the point $(0, b)$ and has *slope* (or *gradient*) a, meaning that for each unit moved in the positive x direction, we move a units up in the y direction.

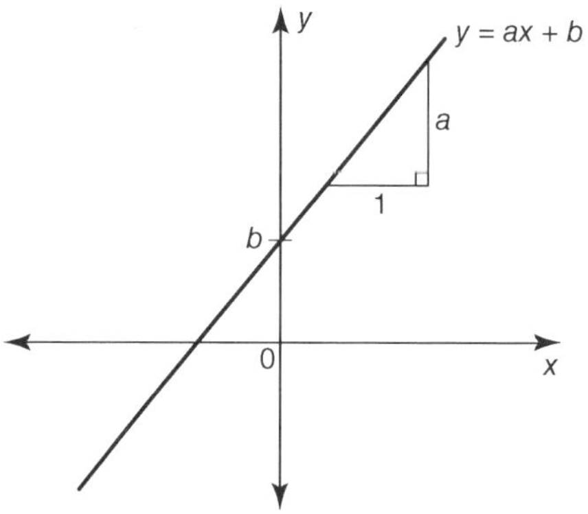

3. Graph of a typical linear function $y = ax + b$.

It may happen, however, that the unknown x appears more than once in our equation yet it may be possible, using just the laws of algebra, to reduce the equation to the standard linear form. As a more complicated example, let us take

$$\frac{x+38}{4-x} = 2.$$

We cannot treat the tangle on the left as the result of a sequence of operations applied to a single instance of x. The first simplification comes about, however, by multiplying both sides by the denominator, $4 - x$, as the LHS then becomes simply $x + 38$ and we have the following upon multiplying out the brackets:

$$x + 38 = 2(4 - x) = 8 - 2x.$$

We next add $2x$ to both sides in order to have only a single term in x. This gives

$$3x + 38 = 8$$

$$\Rightarrow 3x = 8 - 38 = -30$$

$$\Rightarrow x = \frac{-30}{3} = -10.$$

Simultaneous equations

At what temperature do the Celsius and Fahrenheit scales agree? That is to say, when do the two scales simultaneously give the same value? To answer this we need to know how the scales are calibrated. The Celsius scale is set at 0° at the temperature where water freezes, while 100° is the point where water boils (at sea level). These two temperatures are respectively marked at 32° and 212° on the Fahrenheit scale. If we let y denote temperature in Fahrenheit and x the value in Celsius, then the two are related by an equation of the form $y = ax + 32$ as when $x = 0$, $y = 32$. To find the value of the slope a we note that a rise of $(212 - 32)$ degrees Fahrenheit corresponds to an increase of $(100 - 0)$ degrees Celsius, so that:

$$a = \frac{212 - 32}{100 - 0} = \frac{180}{100} = \frac{9}{5}.$$

For example, if global warming led to an increase in the atmospheric temeperature by 2°C, this would represent an increase of $\frac{9}{5} \times 2 = \frac{18}{5} = 3 \cdot 6^\circ$ Fahrenheit. However, a Fahrenheit *reading* (y) is related to a Celsius reading (x) by the linear equation $y = \frac{9}{5}x + 32$, so that an air temperature of 2°C corresponds to a temperature of $3 \cdot 6 + 32 = 35 \cdot 6^\circ$ F. It is important not to confuse temperature changes with scale readings when discussing such topics!

Returning to our problem, we simultaneously require that $y = x$, so what we need to find is the point where the two lines that represent these equations cross (Figure 4).

It is natural to substitute $y = x$ into our conversion equation and solve

$$x = \frac{9}{5}x + 32 \Rightarrow 0 = \frac{4}{5}x + 32 \Rightarrow \frac{4}{5}x = -32;$$

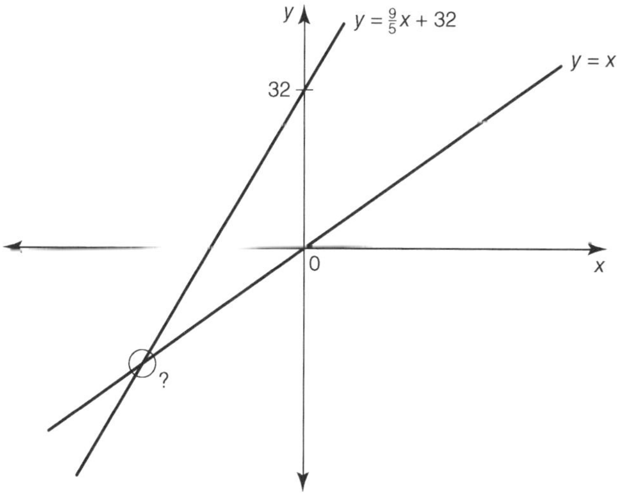

4. Temperature in Celsius and Fahrenheit.

multiplying both sides by the reciprocal, $\frac{5}{4}$, we extract the required value of x:

$$x = -32 \times \frac{5}{4} = -8 \times 5 = -40.$$

Therefore -40° is the unique value where the Celsius and Fahrenheit scales agree.

This is an example of a problem that involves the solution of a pair of *simultaneous linear equations*, namely

$$y = \frac{9}{5}x + 32 \quad \text{and } y = x.$$

Geometrically, the two equations represent a pair of straight lines and the problem is to find the point where the two lines meet. The points that lie along a particular line in the xy coordinate plane, often known as the Cartesian plane, are those points (x, y) that satisfy an equation of the form $ax + by = c$, where a, b, and c are fixed numbers that depend on and determine the line in question. Alternatively, we may rearrange this equation if we wish to make y the subject and we obtain the alternative slope–intercept form of the equation:

$$by = c - ax \quad \text{and so } y = -\frac{a}{b}x + \frac{c}{b}.$$

We therefore turn to the general problem of finding the intersection point of two lines represented by general linear equations. Although only an example, the next problem is fully representative of the general situation, meaning that the way we solve it can be applied to any and all problems of this type. Our two equations are

$$\begin{aligned} -2x + 5y &= 34, \\ 3x + 4y &= -5. \end{aligned}$$

In our first example we had $y = x$ as our second equation, allowing us to substitute for y immediately. We could take that approach again, make y (or x) the subject of one of the equations, and substitute into the other accordingly. A different tack, though, is based on the idea that we could eliminate one of the variables simply by adding or subtracting the equations if the coefficients of one of the variables were opposites or were equal. In this example this is not the case, but we can get an equivalent pair of equations where this is so by multiplying the first equation throughout by 3 and the second by 2. Doing this, we find we may eliminate x by adding the two equations:

$$-6x + 15y = 102,$$

$$6x + 8y = -10,$$

$$23y = 92 \Rightarrow y = \frac{92}{23} = 4.$$

Now we substitute $y = 4$ into the first equation to give

$$5 \times 4 - 2x = 34 \quad \text{and so} \quad -2x = 34 - 20 = 14,$$

$$\text{whence } x = \frac{14}{-2} = -7.$$

Therefore the solution to our system of equations is $x = -7$, $y = 4$.

This *elimination* approach (adding and subtracting multiples of equations) is generally a quicker way to find the solution of the system, for it allows us to eliminate a variable using fewer steps than the substitution method. We shall take up an example with more than two unknowns in the final section of this chapter.

Substitution arises from first isolating a variable and then substituting accordingly, thereby eliminating that variable. The value of elimination is that you achieve the same thing while working solely with the coefficients. Matrices, which we introduce in Chapter 7, represent the vehicle for abstracting this process.

Inequalities

In this section we introduce the use and manipulation of inequality signs. Information about unknowns can come in the form of an equality, an equation if you will, or it can arise as a *constraint*, which can take the form of an inequality such as $2x - 1 \leq 5$. The signs $<$ and $\leq$ mean *less than* and *less than or equal to*, respectively, and of course the signs $>$ and $\geq$ stand for *greater than* and *greater than or equal to*, respectively. Each of these signs points to the smaller quantity in any statement in which it appears. Of course, the simple denial of equality, $a \neq b$, is an inequality, but the types of inequality that are most useful in mathematics are the directional inequalities as they often represent upper or lower bounds of quantities of interest and, with some important caveats that will now be explained, may be manipulated in a similar fashion to equalities.

We may be familiar with the meaning of an inequality such as $a > b$ when dealing with positive numbers, but we need to explain its meaning for any numbers, be they positive, negative, or zero. In line with our experience of positive numbers, we shall say quite generally that $a > b$ means that $a - b$ is a positive number. This definition orders the number line in the fashion that you probably take for granted: $b < a$ if b lies to the left of a on the line, so, for example, $-3 < 2$, $-8 < -\frac{1}{2}$, and $-1 < 0 < 1$ are all true statements.

Returning to our inequality $2x - 1 \leq 5$, we can make x the subject of the inequality in the same fashion as used when dealing with an equals sign: in this case we add 1 and then divide by 2 to simplify the constraint to $x \leq 3$.

There is, however, one significant complication that arises when dealing with inequalities that is a source of inconvenience and frequent error. Take an inequality such as $2 < 3$ and multiply both sides by a *negative* number, let us say -6. The left and right sides become respectively -12 and -18, and $-12 > -18$. And so we have another rule: when an inequality is multiplied (or divided) by a *negative* number, then the direction of the inequality is reversed. For example, let us simplify $4 - 3x \leq 13$. Subtracting 4 from both sides and then dividing through by -3 gives us

$$4 - 3x \leq 13 \Rightarrow -3x \leq 9 \Rightarrow x \geq -3.$$

This rule is a consequence of our definition. For instance, suppose that $a < b$ and let $c < 0$. Now, $a < b$ means that $b - a$ is positive, so that $c(b - a)$ is negative, which is to say that $cb - ca$ is negative, so its opposite, $ca - cb$ is positive, which tells us that $cb < ca$. In conclusion, if $a < b$ and $c < 0$ then $ca > cb$, and the direction of the inequality has indeed reversed.

Having cleared that up, it seems that we can continue confidently with our algebraic manipulations. When dealing with an inequality, however, we may wish to multiply both sides by an unknown, x say, but the resulting direction of the inequality depends on the sign of x. When this type of scenario arises we need to be patient and examine the cases that arise separately. We may sometimes, however, avoid multiplying by terms of unknown sign and thereby avoid splitting the problem into separate cases.

For example, suppose we wish to know for what values of x the following inequality holds:

$$\frac{x-1}{x+2} < -8.$$

If we now multiply throughout by $x + 2$, the inequality will change the direction if $x < -2$, but otherwise will not. Let us instead add 8 to both sides and place the LHS over a common denominator:

$$\frac{x-1}{x+2} + 8 < 0 \quad \text{and so} \quad \frac{(x-1) + 8(x+2)}{x+2} = \frac{9x+15}{x+2} < 0.$$

A common factor of 3 now appears in the numerator, which we extract and, remembering that $\frac{0}{3} = 0$, we may cancel to obtain

$$\frac{3(3x+5)}{x+2} < 0 \Leftrightarrow \frac{3x+5}{x+2} < 0. \qquad (8)$$

A quotient such as we have in (8) will be negative exactly when the numerator and denominator have different signs. A sign change may occur at a point where the term in question takes on the value 0, which is evidently at $x = -2$ for $x + 2$ and at $x = -\frac{5}{3}$ for $3x + 5$. It is helpful to chart the sign behaviour of each term on a number line.

From Figure 5, we see that the numerator and denominator have the same sign except between the values of -2 and $-\frac{5}{3}$, where $x + 2 > 0$ but $3x + 5 < 0$, and so that then is where our inequality holds: $-2 < x < -\frac{5}{3}$.

Inequalities are used throughout mathematics, often to find bounds of complicated functions in terms of simpler ones. Many useful inequalities stem from the simple observation that a square of a number is never negative. This follows from the fact that the product of two numbers with the same sign is positive. We shall give an instance of this, but first a word about square roots.

For any positive number a, by the *square root* of a we mean the unique positive number b such that $b^2 = a$. This is written as $b = \sqrt{a}$ so, for example, $\sqrt{25} = 5$. Of course, it is also the case that $(-5)^2 = 25$, so every positive number really has two square roots, $\pm\sqrt{a}$, although if we speak of *the* square root, implicitly we mean

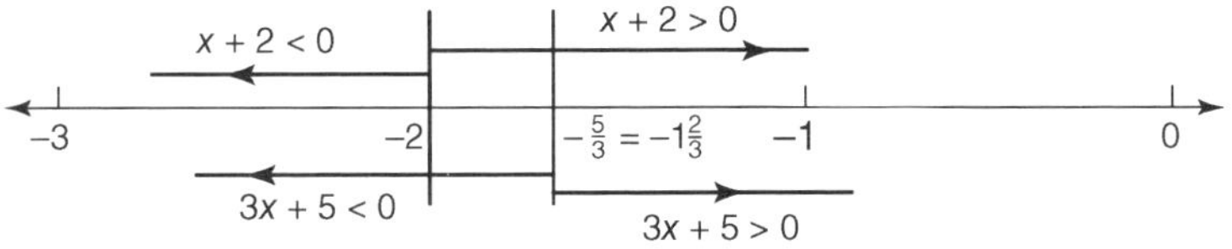

5. Signs of the expressions $x + 2$ and $3x + 5$.

the positive one. One useful property of square roots is that the square root of a product is equal to the product of the square roots, and, similarly, the square root of a quotient is the quotient of the square roots:

$$\sqrt{ab} = \sqrt{a} \cdot \sqrt{b}, \qquad \sqrt{\frac{a}{b}} = \frac{\sqrt{a}}{\sqrt{b}}.$$

That this is true is a consequence of the commutative law and the fact that two positive numbers are equal if and only if their squares are equal. To verify the first formula, then, we just need to check that the squares of both sides are the same: now, by the very definition of the square root, we have $\sqrt{ab}^2 = ab$, while

$$(\sqrt{a} \cdot \sqrt{b})^2 = \sqrt{a} \cdot \sqrt{b} \cdot \sqrt{a} \cdot \sqrt{b} = (\sqrt{a} \cdot \sqrt{a}) \cdot (\sqrt{b} \cdot \sqrt{b}) = ab,$$

and there is a similar tale for the quotient case. These rules are often used to simplify square roots of numbers that are not perfect squares. For example,

$$\sqrt{98} = \sqrt{49 \times 2} = \sqrt{49} \times \sqrt{2} = 7\sqrt{2}.$$

Since the sign $\sqrt{\ }$ indicates the non-negative root, it follows that if we begin with a *negative* number x, then $\sqrt{x^2}$ is not x but rather is $-x$: for example, $\sqrt{(-8)^2} = \sqrt{64} = 8 = -(-8)$. The function $\sqrt{x^2}$ has a special name: it is called the *absolute value* function and it has its own notation, $|x|$. Another way of thinking of $|x|$ is as the distance of x from 0 on the number line, an interpretation which generalizes nicely when we deal with complex numbers, which we shall meet in Chapter 5. Of course $|x|$ is always positive, except when $x = 0$, as $|0| = 0$.

The absolute value function is unpopular with just about everyone as, on the one hand, it seems so simple as to be hardly worth mentioning and, on the other hand, it misbehaves algebraically. Just like the square root, it does not behave linearly, meaning that just as it is *not* generally true that $\sqrt{a+b} = \sqrt{a} + \sqrt{b}$, nor is it true that $|a + b| = |a| + |b|$ (for example, if $a = 1$ and $b = -1$, the LHS is 0 while the right-hand side (RHS) is 2).

One rule, however, which is easily verified by looking at cases, is that $|ab| = |a| \cdot |b|$; so, for example, we may replace $|-2x|$ by $|-2| \cdot |x| = 2|x|$ in any calculation. In practice, you have to be patient and split a calculation involving absolute values into cases where the object between the absolute value signs is negative and where it is not. It is worth noting, however, that an expression such as $|x| \leq 3$ is equivalent to $-3 \leq x \leq 3$ and the latter is more amenable to algebraic manipulation. For example, let us simplify $|2x - 1| < 5$:

$$-5 < 2x - 1 < 5 \Leftrightarrow -4 < 2x < 6 \Leftrightarrow -2 < x < 3.$$

Returning to our search for inequalities based on squares, we introduce the *arithmetic mean* m of two numbers, a and b, which is what is normally referred to as their average: $m = (a + b)/2$. If we confine ourselves to non-negative numbers a and b, then the *geometric mean* g of a and b is defined as $g = \sqrt{ab}$. A square with sides of length g has the same area as an $a \times b$ rectangle.

For example, if $a = 4$ and $b = 9$ then $m = (4 + 9)/2 = 13/2 = 6\frac{1}{2}$, while $g = \sqrt{4 \times 9} = \sqrt{36} = 6$. If you experiment with a few examples of your own, you will discover that the arithmetic mean is never less than the geometric. And here is why:

$$0 \leq (\sqrt{a} - \sqrt{b})^2 = a - 2\sqrt{a}\sqrt{b} + b$$

$$\Rightarrow 2\sqrt{a}\sqrt{b} \leq a + b \Rightarrow \sqrt{ab} \leq \frac{a + b}{2},$$

which is just to say that $g \leq m$. Moreover, the initial inequality is a strict inequality except when $a = b$, in which case both means share this common value of a. In every other case, the arithmetic mean exceeds the geometric.

Lincoln Fair problem

As an example that brings together both the notion of inequalities and simultaneous equations, we close this chapter with the following problem that dates back to the 16th century, if not earlier. Twenty people pay twenty pence to visit the Lincoln Fair. If each man pays threepence, each woman tuppence, and each child a halfpenny, how many men, M, women, W, and children, C, went to the fair?

We can take the information given to extract two equations in *three* unknowns—the first counts people while the second counts pennies:

$$\begin{aligned} M + W + C &= 20, \\ 3M + 2W + \tfrac{1}{2}C &= 20. \end{aligned} \qquad (9)$$

Having more unknowns than equations generally means you do not have enough information to solve the problem, or, to be more precise, there is more than one solution. As we have already mentioned, the equation $ax + by = c$ represents a *line* in the xy plane and, in an analogous way, an equation of the form $ax + by + cz = d$ represents a *plane* in 3D x, y, z coordinates. Two such planes generally intersect in a line, and so any one of the infinite number of points along that line will have coordinates (x, y, z) that simultaneously satisfy each of the equations of the two planes. Undaunted, we see how far our elimination technique can take us in this problem. Multiplying the first equation by 3 and then subtracting the second equation will at least eliminate the men, giving us

$$W + \frac{5}{2}C = 40 \Rightarrow W = 40 - \frac{5}{2}C. \qquad (10)$$

We can now also express M in terms of C by using our first equation:

$$M = 20 - W - C = 20 - \left(40 - \frac{5}{2}C\right) - C;$$

When we remove the brackets in this last expression, we must remember to subtract every term inside the brackets (and not just the first one); subtracting the term $-\frac{5}{2}C$ of course gives $+\frac{5}{2}C$. Continuing and rearranging the order of the terms, we infer that

$$M = \frac{5}{2}C - C + 20 - 40 = \frac{3}{2}C - 20. \qquad (11)$$

We have managed to express M and W in terms of C. If we knew no more than the pair of equations (9), we could go no further: we could choose *any* number for C and determine W and M from C using (10) and (11), and the trio of numbers (C, W, M) that resulted would be a solution to (9); and, what is more, every solution to (9) would arise in this way. We do, however, know more, although the additional information not captured by our simultaneous equations (9) comes in the form of inequalities.

You cannot have fractional or negative people, and so, assuming that there was at least one person of each of the three types, we have the three inequalities $C, W, M \geq 1$. There is another more subtle point that is revealed by looking at the second of our two equations in (9): in order that the left-hand side adds up to the whole number 20, the number of children must be even. Hence we may write $C = 2A$, say, where A is itself a positive integer. Using this and (10) and (11) allows us to write our inequality for W as follows:

$$W = 40 - 5A \geq 1 \quad \text{and so } 40 \geq 1 + 5A$$

$$\Rightarrow 5A \leq 39 \quad \text{and so } A \leq \frac{39}{5} = 7\frac{4}{5}$$

$$\therefore A \leq 7 \text{ as } A \text{ is a whole number;}$$

$$\text{Similarly, } M = 3A - 20 \geq 1 \Rightarrow 3A \geq 21 \quad \text{and so } A \geq 7.$$

Hence we simultaneously have $A \leq 7$ and $A \geq 7$, so that $A = 7$ and therefore $C = 2A = 14$. There were $C = 14$ children, and so $M = 3A - 20 = 21 - 20 = 1$, and $W = 40 - 5A = 40 - 35 = 5$.

Therefore one man, five women, and 14 children went to the Lincoln Fair.

Whenever any system of equations is solved, we may verify the solution by substituting: in this example, putting $C = 14$, $W = 5$, and $M = 1$ into each of our equations in (9) shows that our solution does indeed work. As our reasoning has proved, this is the unique solution to the Lincoln Fair problem provided that we assume there was at least one man, one woman, and one child. Some of the unknowns could, however, be permitted to take on the value 0 without reducing the problem to total nonsense. This would weaken the constraints to $C, W, M \geq 0$. If you rework the problem, you find that a second value, $A = 8$, is now also feasible. Putting $A = 8$ then gives a second solution: $(C, W, M) = (16, 0, 4)$: 16 children, no women, and four men does, strictly speaking, still work.

There is an entire realm of mathematics, known as *linear programming*, that is dedicated to solving huge systems of linear equations subject to constraints on the values of the solutions. Our Lincoln Fair problem is a very simple historical instance of this kind of question. This mathematics underpins much of the logistics of modern society, governing operations such as railway and airline schedules while allowing businesses to meet customer demand by running inventories with much less stock stored in warehouses than was required in times past, which represents an enormous and ongoing cost saving. The algebraic ideas of elimination and constraint satisfaction underlie all this. Contemporary society could not function without them operating, behind the scenes, invisibly and flawlessly on behalf of everyone.

Chapter 4
Quadratic equations

A *quadratic equation* is one involving a squared term and which, when all terms have been moved to the left-hand side, takes on the form $ax^2 + bx + c = 0$. Quadratic equations are as old as mathematics itself, with examples appearing in ancient Babylonian tablets from over 4000 years ago. What is more, although lacking modern notation, these ancient mathematicians seemed to be well aware of the principles involved in solving them. Quadratic expressions are central to mathematics, and quadratic approximations of all kinds are tremendously useful in describing processes that are changing in direction from moment to moment.

The way to tackle quadratic equations is normally taught in three stages. The first looks at simple examples and tries to factorize the quadratic expression into two linear factors, which then allows you to write down the two solutions (for normally there are two). This seems to be guesswork, trial and error if you like, and so not satisfactory. Next, a mathematical device is introduced called *completing the square*, which allows solution of any particular quadratic. This is the general method of the ancients, although the key step may seem at first to be a little unnatural. Finally, completing the square is applied to the general equation to derive the famous quadratic formula that allows us to plug the three coefficients into the associated expression, which then provides the solutions. This formula often represents the first sophisticated piece of algebra that a student meets.

Although the quadratic formula solves every quadratic, there is much to be learnt from the other approaches apart from just methods to solve the equations, as will now be explained.

Factorization and completing the square

Let's begin with the equation $x^2 - 5x + 6 = 0$. The idea is to find a factorization of the expression as $x^2 - 5x + 6 = (x - r)(x - s)$, for then the two solutions of our equation will be the numbers r and s, known as the *roots* of the equation. This is because, when we substitute $x = r$ into this factorized expression it returns $(r - r)(r - s) = 0(r - s) = 0$ and, similarly, substituting $x = s$ into this product also gives the desired output of 0, while no other numbers apart from r and s can do this. But how are we to find r and s?

The next step represents an important idea. We expand the expression $(x - r)(x - s)$ to give it the same form as the original quadratic expression and then choose r and s to match the corresponding coefficients. Now,

$$(x - r)(x - s) = x^2 - rx - sx + rs = x^2 - (r + s)x + rs.$$

We equate the two expressions to hand:

$$x^2 - 5x + 6 = x^2 - (r + s)x + rs,$$

so we need to find r and s so that $r + s = 5$ and $rs = 6$. A little thought will lead to the result $r = 2,\ s = 3$, which is to say that $x^2 - 5x + 6 = (x - 2)(x - 3)$, so the solutions of our original equation are $x = 2$ and $x = 3$. This works—substituting either the number 2 or the number 3 into $x^2 - 5x + 6$ does indeed give zero.

The idea here is to take the quadratic expression $x^2 + bx + c$ and write it in the form $(x - r)(x - s)$. Expanding the latter expression and matching coefficients then gives a pair of simultaneous equations in the two unknowns r and s, one of which, $r + s = -b$ is linear, but the other, $rs = c$, is not. We might try to solve these equations by substituting $s = -r - b$ into the second equation, $rs = c$, but that leads us in a circle back to the original quadratic equation, so this approach has serious shortcomings.

Clearly we need a better method, but before moving on it is worth noting that this sum-and-product formulation is equivalent to the original equation, and indeed this was the way these questions were often posed in classical texts, as they arise through the problem of determining the dimensions of a rectangle given its area and perimeter. With this kind of formulation, the problem was bound to have positive solutions, which were the only quantities that the ancients recognized as true numbers. For example, let us suppose that the perimeter of the rectangle is given as 28 units and the area as 48 units^2. Let r and s denote the unknown dimensions of the rectangle, giving us the pair of equations

$$2(r + s) = 28 \quad \text{and so } r + s = 14, \quad \text{and } rs = 48.$$

From the linear equation we infer that $s = 14 - r$, and substituting accordingly into the area equation yields

$$r(14 - r) = 48 \Rightarrow -r^2 + 14r = 48 \Rightarrow r^2 - 14r = -48.$$

Instead of guessing and checking, we may *complete the square* to solve this quadratic. Compare the LHS, $r^2 - 14r$, to the general expression $r^2 - 2ry + y^2 = (r - y)^2$. The first two terms have the right form but the final term, y^2, is missing. We may, however, *force* our expression to have the desired form by adding the absent term, although in order to retain a correct equation we add that term to the RHS as well to keep it balanced.

Specifically, here we will need to match $-14r$ with $-2ry$ so that $-14 = -2y$; hence $y = 7$ and its square is $y^2 = 7^2 = 49$. This is the magic ingredient that when added to both sides allows us to take square roots:

$$r^2 - 14r = -48 \quad \text{and so } r^2 - 14r + 49 = -48 + 49 = 1,$$

$$\text{whence } (r-7)^2 = 1 \quad \text{and so } r - 7 = \pm 1,$$

which is to say $r = 7 \pm 1$.

Therefore we get that either $r = 7 - 1 = 6$, whereupon $s = 14 - r = 14 - 6 = 8$, or $r = 7 + 1 = 8$ and $s = 14 - r = 14 - 8 = 6$. Either way we are led to what is essentially the unique solution, that being a 6×8 rectangle.

The overall approach to completion of the square is as follows. Given any quadratic equation $ax^2 + bx + c = 0$ with $a \neq 0$, we first divide through by a to get a *monic* equation—one in which the coefficient of the highest power, x^2, is 1. This is an equivalent equation, so it follows that if we can solve any monic quadratic equation, we can solve them all, and so there is no loss of generality in confining ourselves to equations that can be written in the form $x^2 + bx = c$. We can complete the square on the LHS by adding the square of $b/2$ (and not of b) because

$$x^2 + bx + \left(\frac{b}{2}\right)^2 = \left(x + \frac{b}{2}\right)^2,$$

as the cross-term that emerges when this square is expanded is $2 \cdot (b/2)x = bx$, as it needs to be. Hence, by adding this particular square to both sides, we have a new form of the equation in which the LHS is an explicit square. We now take square roots (both positive and negative) and make x the subject of the expression to finally get to the roots.

It should be appreciated that there are other interesting questions that arise involving quadratic expressions, and completion of the square allows us to answer them. We give two examples.

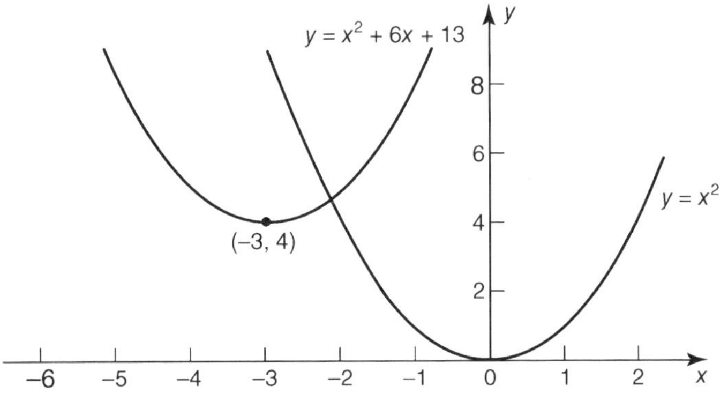

6. Comparing the graphs of $y = x^2$ and $y = x^2 + 6x + 13$.

The curve described by the equation $y = x^2$ is the standard upward-opening parabola that has the y-axis as its axis of symmetry, and its vertex is the origin (0, 0). How does the graph of the equation $y = x^2 + 6x + 13$ compare with that of $y = x^2$? (See Figure 6.)

By completing the square, we can show that the two curves are identical; the difference is just that the second graph has been translated to another position, which we can describe precisely. Since $\frac{6}{2} = 3$ and $3^2 = 9$, we may complete the square as follows:

$$y = x^2 + 6x + 13 = (x^2 + 6x + 9) + 4 = (x + 3)^2 + 4.$$

Now the minimum of $y = (x + 3)^2$ is 0, which occurs when $x = -3$: overall, the graph of $y = (x + 3)^2$ is that of $y = x^2$, only moved 3 units to the left. To obtain the graph of $y = (x + 3)^2 + 4$, we now move the graph of $y = (x + 3)^2$ by 4 units in the positive y-direction. In summary, the graph of $y = x^2 + 6x + 13$ is realized by shifting the graph of $y = x^2$ by 3 units to the left and 4 units up. In particular, the turning point of this parabola rests at $(-3, 4)$.

Our second problem is to find the number x that most exceeds its own square. This is to say, we wish to find the value of x that

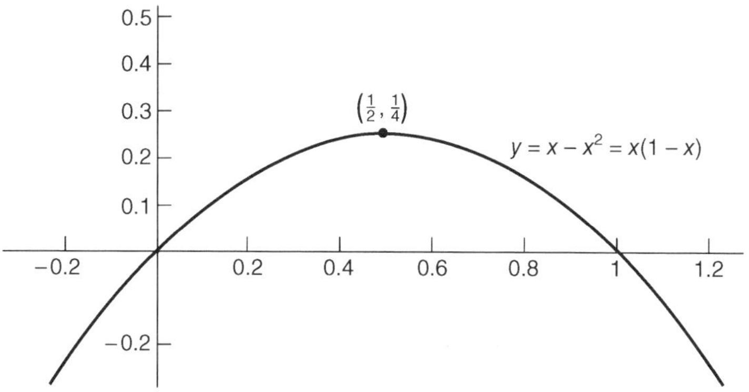

7. Graph of $y = x - x^2$.

maximizes $x - x^2$ or, what is the same, that minimizes its negative, $x^2 - x$ (Figure 7). Completing the square for this expression requires us to add (and then subtract) $\left(-\frac{1}{2}\right)^2 = \frac{1}{4}$. We then have

$$x^2 - x = \left(x^2 - x + \frac{1}{4}\right) - \frac{1}{4} = \left(x - \frac{1}{2}\right)^2 - \frac{1}{4}.$$

We minimize this quantity by making the square as small as possible, which is to say 0^2, and this is done in this case by putting $x = \frac{1}{2}$. That then is our answer: $\frac{1}{2}$ is the number that most exceeds its own square. We may note that $\frac{1}{2} - \left(\frac{1}{2}\right)^2 = \frac{1}{2} - \frac{1}{4} = \frac{1}{4}$ and any other number exceeds its square by a lesser amount—indeed, for any number x outside the interval $0 \leq x \leq 1$, x is actually less than x^2.

As a final example in this section, let us solve

$$x + \sqrt{x + 1} = 11.$$

A natural impulse is to rid ourselves of the awkward square root through squaring, but doing that immediately would not work, as the root would come back to haunt us in the cross-product that arises in the square of the LHS. Instead, we focus our attack on the root by first making it the subject of the equation. Only then do we square:

$$\sqrt{x+1} = 11 - x \Rightarrow x + 1 = (11 - x)^2 = (x - 11)^2 = x^2 - 22x + 121;$$

$$\text{hence } x^2 - 23x + 120 = 0 \quad \text{and so } (x - 8)(x - 15) = 0,$$

which gives the two solutions $x = 8$ and $x = 15$. However, if we test these solutions, only one of them works in the original equation, $x + \sqrt{x+1} = 11$:

$$8 + \sqrt{8+1} = 8 + 3 = 11; \; 15 + \sqrt{15+1} = 15 + 4 = 19.$$

What has gone wrong here is that the squaring of both sides of the equation has introduced extraneous solutions, for the implication sign cannot be reversed: in general, $a = b \Rightarrow a^2 = b^2$, but $a^2 = b^2 \not\Rightarrow a = b$, but only that $a = \pm b$. The extraneous solution, 15, represents the solution to the equation $x - \sqrt{(x+1)} = 11$.

The general point that needs to be appreciated is that if we carry out an operation on both sides of an equation that cannot be reversed, then the new equation is *not* equivalent to the original. Any solution of the original equation will nonetheless be contained in the solution set of the new equation. Therefore, having solved the new equation, we need to test the solutions on the original as not all of them will necessarily apply.

The quadratic formula

Applying the method of completing the square to the general quadratic equation yields the general quadratic formula, which solves the entire class of problems in one fell swoop. Quite naturally, this chapter culminates in this derivation. The slickest way to produce the formula comes through building up the RHS to the required expression as directly as possible. This begins by writing the equation as $ax^2 + bx = -c$, multiplying throughout by $4a$, and then adding b^2 to both sides to complete the square on the left. In detail, we have

$$ax^2 + bx = -c$$

$$\Rightarrow 4a^2x^2 + 4abx = -4ac$$

$$\Rightarrow 4a^2x^2 + 4abx + b^2 = b^2 - 4ac$$

$$\Rightarrow (2ax + b)^2 = b^2 - 4ac$$

$$\Rightarrow 2ax + b = \pm\sqrt{b^2 - 4ac};$$

$$\therefore x = \frac{-b \pm \sqrt{b^2 - 4ac}}{2a}.$$

This derivation avoids any fractional terms until the very last line, although the argument is based upon knowing where we are headed.

It is worth studying another derivation that introduces a more general approach that may apply to other problems. The following method does not require an inspired observation as to how to manufacture squares when we are not given them in the first place, but rather the completion emerges from the algebra itself. Again we begin with the general quadratic equation, $ax^2 + bx + c = 0$ with $a \neq 0$. We make the substitution $x = y + t$, where t is a constant to be specified. When we make this substitution, the coefficient of y will involve t and the other coefficients. If we then choose t so that the term in y vanishes (because its coefficient is 0), we will have an equation of the form $y^2 = k$ for some constant k, from which point we may solve through taking square roots. With this in mind, we now put $x = y + t$. Upon rearranging the order of the terms that arise through the expansion, we obtain:

$$a(y + t)^2 + b(y + t) + c = ay^2 + (2at + b)y + (at^2 + bt + c) = 0. \quad (12)$$

We now choose t so that the multiplier of y is 0, which is to say that the special value of t we seek comes about by putting

$$2at + b = 0 \Rightarrow t = -\frac{b}{2a}. \quad (13)$$

The term in (12) involving y^2 is ay^2, while by making use of (13) we get the following for our constant term k:

$$k = at^2 + bt + c = \frac{b^2}{4a} - \frac{b^2}{2a} + c = \frac{b^2 - 2b^2 + 4ac}{4a} = \frac{4ac - b^2}{4a}.$$

We now have a clear path to the general formula, for we have reduced our original equation to $ay^2 + k = 0$. Writing this as $y^2 = -k/a$, we have

$$y^2 = \frac{b^2 - 4ac}{4a^2}.$$

Rewriting y as $x - t = x + b/2a$ and then taking square roots, the previous equation now gives

$$y = x + \frac{b}{2a} = \frac{\pm\sqrt{b^2 - 4ac}}{2a};$$

$$\therefore x = \frac{-b \pm \sqrt{b^2 - 4ac}}{2a}. \qquad (14)$$

The Indian mathematician Brahmagupta (AD 597–668) seems to have been the first to explicitly describe the general quadratic formula, albeit in words, in his treatise *Brāhmasphuṭasiddhānta*, published in AD 628. Earlier still, Diophantus adopted a recognizably algebraic approach to such problems in the 3rd century AD. (The solutions of Euclid, some six centuries earlier, represented the roots geometrically.) The formula was, however, first stated in the modern form in 1594 by the Flemish mathematician Simon Stevin (1548–1620), who also brought decimal calculation into common usage in Europe.

As an example that leads to a quadratic the roots of which are not integers or fractions, we shall find the dimensions of the Golden Rectangle, which is defined as the rectangle that has the property that when the largest possible square is removed from the rectangle, the smaller rectangle that remains is similar to the original, meaning that both rectangles have the exact same shape, the only difference being one of scale (Figure 8).

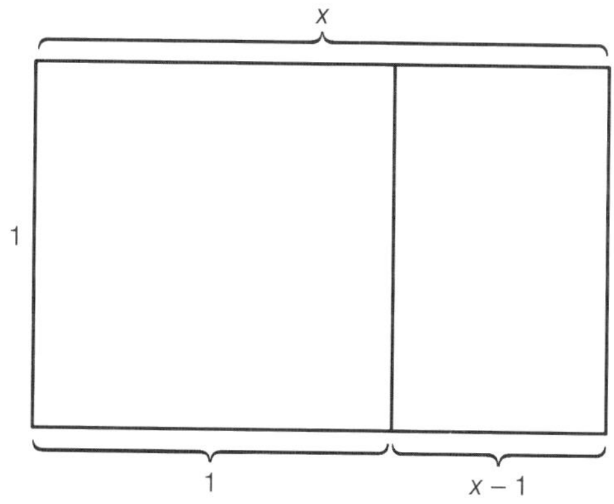

8. Golden Rectangle.

But what is that scale? If we take the shorter side of the parent rectangle as 1 unit and the long side as x, we have from the given similarity condition that

$$\frac{x}{1} = \frac{1}{x-1} \Rightarrow x(x-1) = 1^2 \Rightarrow x^2 - x - 1 = 0. \qquad (15)$$

Applying the quadratic formula (14) to the equation of (15) requires that we put $a = 1$, $b = c = -1$ and so we obtain

$$x = \frac{-(-1) \pm \sqrt{(-1)^2 - 4(1)(-1)}}{2(1)} = \frac{1 \pm \sqrt{1+4}}{2};$$

and since the positive solution is the one we want, we find that the Golden Ratio, often denoted by the Greek letter ϕ, is given by

$$\phi = \frac{1+\sqrt{5}}{2}. \qquad (16)$$

The Golden Ratio arises persistently throughout mathematics, especially in the context of self-similarity problems.

We end this section by examining the number of solutions a quadratic equation may have. If we graph the function $y = ax^2 + bx + c$, the solutions of the corresponding quadratic equation $y = 0$ tell us where that graph meets the x-axis. Of course, the graph may not cross the axis at all.

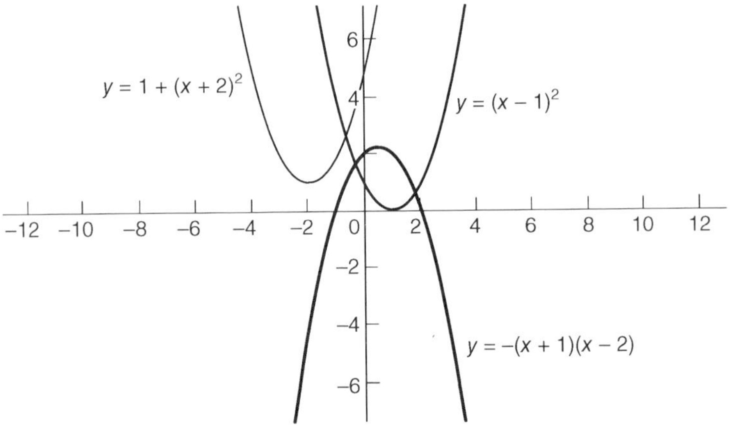

9. Three quadratic graphs exhibiting 0, 1, and 2 roots, respectively.

It all depends on the *discriminant* $\Delta = b^2 - 4ac$, which is the term that lies under the square root sign in the quadratic formula (14); in the monic case, $\Delta = (r - s)^2$, the square of the difference of the roots. The quadratic has two solutions if $\Delta > 0$ but no solutions if $\Delta < 0$, as there is no square root of a negative number. If $\Delta = 0$, however, there is a unique solution, that being $x = -b/2a$, in which case the corresponding graph just touches the x-axis at this point, with the axis being tangent to the curve (see Figure 9). We close with a problem that showcases this transitional case.

A man, running at constant speed v, tries to catch an old-fashioned London bus (of the kind that you could leap on while in motion) (Figure 10). When he gets within a distance d of the door, the bus, which has been stationary, begins moving away from him with constant acceleration a. What is the maximum value of d that will allow our man to catch his bus?

Let us take the origin, O, from which we measure the position of both man and bus to be the man's initial position as the bus begins to move. At time t he will have travelled a distance vt in the positive x-direction. The *speed* of the bus at time t, however, is at. Since it started from rest and the acceleration is constant, the

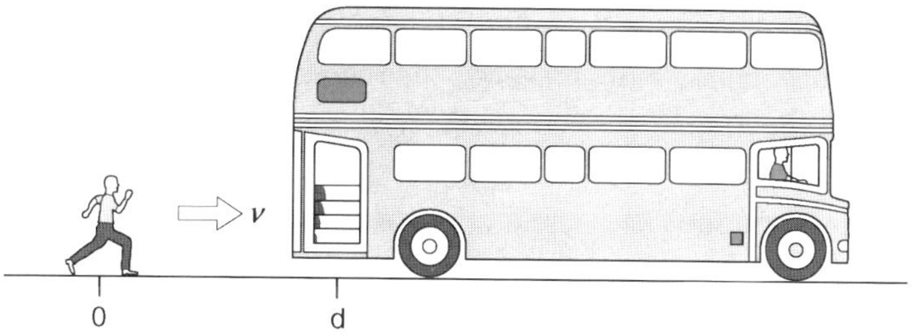

10. Man running for a bus.

average speed of the bus in the time interval from time 0 up to time t is $(at - 0)/2 = \frac{1}{2}at$. Hence the distance of the door of the bus from the origin at time t is $d + \left(\frac{1}{2}at\right)t = d + \frac{1}{2}at^2$.

Now, the runner will be at the same position as the door at the times when these two expressions for the position of man and bus agree, which is to say when the time t satisfies

$$vt = d + \frac{1}{2}at^2 \Rightarrow 2vt = 2d + at^2$$

$$\Rightarrow at^2 - 2vt + 2d = 0. \qquad (17)$$

We could now find these times by solving the equation (17), which is a quadratic equation in the variable t of time. However, that was not the question. Take a moment to think what is physically possible here.

Suppose there are two solutions to (17). The earlier of the two times would represent the moment when the man catches up with the bus. If he decided not to get on the bus at this point, he would overrun the door. However, since he is running at constant velocity and the bus is accelerating, eventually the bus would catch up and pass him by. The second solution is the later point when the bus door would pass him, offering him his last chance to hop on board. If, on the other hand, the values of d and a are too great, he never catches the bus and (17) has no solutions. These two scenarios correspond to $\Delta > 0$ and $\Delta < 0$, respectively. If the values of a and

d are small, the man will catch his bus easily and the second coincidence will be quite far down the road. As we increase a and/or d, the moments of opportunity to board draw closer to one another, and at the point where $\Delta = 0$ they merge into a single precious moment. The question then asks us to find, for a given value of a, what is the value of d where there is just one solution to (17). To determine this value, we just need to set $\Delta = 0$. First, let's find Δ for our equation (17):

$$\Delta = (-2v)^2 - 4a(2d) = 4v^2 - 8ad.$$

Putting $\Delta = 0$ now gives the critical value of d:

$$8ad = 4v^2 \quad \text{and so } d = \frac{4v^2}{8a} = \frac{v^2}{2a}.$$

The would-be passenger will catch his bus as along as $d \leq v^2/2a$. For example, if the man is running at 6 m/s and the bus is accelerating at 1 m/s^2 then the critical value is $d = 6^2/2(1) = 18$, so if the initial gap between him and the door is more than 18 m, then the bus gets away.

Having solved linear and quadratic equations, our next step would seem to be the solution of equations involving cubes and higher powers. Prior to that, however, we shall look at the algebra of polynomials and how it compares to that which governs the number system in order to see what may be learnt in general about equations involving powers higher than 2.

Chapter 5
The algebra of polynomials and cubic equations

General polynomials

We prepare the ground for solving the cubic by first investigating the nature of *polynomials*, which are expressions of the form

$$p(x) = a_0 + a_1x + a_2x^2 + \ldots + a_nx^n;$$

we call $p(x)$ a polynomial of *degree n*. The number a_i is called the *coefficient* of x^i, a_0 is the *constant term* of $p(x)$, and a_n is called the *leading coefficient*. For example, $p(x) = -9 - 5x + x^2 - 2x^3$ is a third-degree or *cubic* polynomial. We may sometimes wish to find the solutions x of the equation $p(x) = 0$, but we will also consider polynomials as objects in their own right, in which case the role of the symbol x is just that of a placeholder—if another letter such as y or t were used, we would have essentially the same polynomial. Since the polynomial $p(x)$ is determined by the list of coefficients $(a_0, a_1, a_2, \ldots, a_n)$, we could *define* the polynomial as being this list and dispense with the symbol x entirely. In practice, however, $p(x)$ is often the rule for a function and so we consider x to be a variable, which is to say that x may be any number $x = a$, and $p(a)$ is the value of its image when the polynomial is evaluated at $x = a$. For our cubic polynomial we have, for example,

$$p(-2) = -9 - 5(-2) + (-2)^2 - 2(-2)^3 = -9 + 10 + 4 + 16 = 21.$$

In general, a *function* can be thought of as any rule whatsoever that takes as input a given number and outputs another (generally different) number—this idea is fundamental to modern mathematics. The importance of polynomials as functions is twofold. First, the outputs of polynomial functions can be explicitly calculated, and second, polynomials are very versatile, for they may be used to approximate many important functions whose output values often can be calculated only imperfectly, such as the trigonometric, exponential, and logarithm functions.

The underlying algebra of polynomials mirrors that of the integers both in obvious and in more subtle ways. We may add, subtract, and multiply polynomials, and the laws of algebra, namely associativity, commutativity, and the distribution law of addition over multiplication, all hold. This stems from the fact that we may regard the variable x as representing an arbitrary number, so these expressions may be added and multiplied in the usual way and the above laws are bound to persist because we have defined the addition and multiplication operations with this in view. For example,

$$\begin{aligned}&(1+x^2)(1-x-x^5)-2x^3+x^4\\&=(1-x-x^5)+(x^2-x^3-x^7)-2x^3+x^4\\&=1-x+x^2-3x^3+x^4-x^5-x^7.\end{aligned}$$

Note that both terms in the first bracket need to be multiplied by each of the terms in the second, not forgetting to attribute the correct sign to each product. This yields a contribution of $2 \times 3 = 6$ terms in all. We then simplify by collecting up like powers. The degree of the final polynomial is then the sum of the degrees of the highest powers in the terms of the product, which in this case is $2 + 5 = 7$.

Polynomial division is especially interesting. The situation regarding integers a and b, allowing also for b to be negative, is that there are unique integers q and r such that $a = bq + r$, with the remainder, r, satisfying $0 \leq r \leq |b| - 1$. There is an analogue of this equation for polynomials where the measure of the size of the polynomial is its degree. In particular, if $a(x)$ and $b(x)$ are polynomials of degrees n and m, respectively, with $m \leq n$, then we may find an expression $a(x) = q(x)b(x) + r(x)$, where the degree of the remainder polynomial, $r(x)$, is less than m.

The important case for us here is the simple one where $b(x)$ is a linear monic polynomial, i.e. $b(x) = x - c$, and then the remainder polynomial has degree 0, which is to say $r(x)$ is simply a constant. For example, let us take $a(x) = 1 + x - 3x^3 + x^4$ and $b(x) = x - 4$; we need to find the quotient polynomial, $q(x) = c_0 + c_1x + c_2x^2 + c_3x^3$, and the remainder, r. Our polynomial equation is then

$$1 + x - 3x^3 + x^4 = (c_0 + c_1x + c_2x^2 + c_3x^3)(x - 4) + r. \qquad (18)$$

Starting from the highest power in the expansion, x^4, we immediately get $c_3 = 1$. Equating terms in x^3 then gives $c_2 - 4c_3 = c_2 - 4 = -3$ so that $c_2 = -3 + 4 = 1$. Comparing coefficients of x^2 then gives $c_1 - 4c_2 = c_1 - 4 = 0$, whence $c_1 = 4$; next, looking at the term in x, we see that $c_0 - 4c_1 = c_0 - 16 = 1$, and so $c_0 = 17$. Finally, for the remainder term we have $r - 4c_0 = r - 68 = 1$, so that $r = 69$. In conclusion, we have

$$1 + x - 3x^3 + x^4 = (17 + 4x + x^2 + x^3)(x - 4) + 69.$$

What is important here, however, is that this form of calculation may always be carried out in the fashion of this example: comparing the highest powers gives the coefficient c_{n-1} of x^{n-1} in $q(x)$, and then, working with the powers in descending order, we obtain a linear equation for each coefficient c_i in terms of a_i and c_{i+1}, which is now known, so each of the numbers $c_{n-1}, c_{n-2}, \ldots, c_0, r$ may be found in turn.

Long division of one polynomial by another is important in practical calculations in integral calculus, but here it is the theoretical fact that the equation $a = qb + r$ for polynomials is soluble that allows us to deduce two important theorems, the second of which is a corollary of the first, these being the *Remainder* and *Factor Theorems.*

When we divide $a(x)$ by $x - c$, we can find r immediately without needing to know the quotient polynomial $q(x)$, for consider the equation

$$a(x) = q(x)(x - c) + r;$$

if we substitute $x = c$ into this equation, we obtain

$$a(c) = q(c)(c - c) + r = 0 + r = r.$$

This is the Remainder Theorem: the remainder when we divide a polynomial $a(x)$ by the term $x - c$ is equal to $a(c)$. For example, the remainder r in (18) is given by $a(4)$, so that

$$r = a(4) = 1 + 4 - 3(4^3) + 4^4 = 5 + 4^3(-3 + 4) = 5 + 4^3 = 5 + 64 = 69,$$

which agrees with the value we found from the full division calculation.

If the remainder $r = 0$, we say that $x - c$ is a *factor* of $a(x)$, for then we have $a(x) = (x - c)q(x)$, and so $a(c)$ is zero and c is a *root* of the polynomial $a(x)$. Conversely, if c is a root of $a(x)$, which is to say that $a(c) = 0$, then by the Remainder Theorem the remainder when $a(x)$ is divided by $x - c$ is 0, which gives $a(x) = (x - c)q(x)$. In summary, we have the Factor Theorem: c is a root of the polynomial $a(x)$ if and only if $a(x)$ has a factorization of the form $a(x) = (x - c)q(x)$.

If d were another root of $a(x)$ then $0 = a(d) = (d - c)q(d)$, so that $q(d) = 0$, and by the Factor Theorem we have $q(x) = (x - d)p(x)$, say, where $p(x)$ is a polynomial of degree $n - 2$. Since each root t of $a(x)$ introduces a new factor, $(x - t)$, into the factorization of $a(x)$ and the degree of the associated quotient polynomial decreases by 1 each time, we infer that the number of distinct roots of an nth-degree polynomial $a(x)$ is at most n. If $a(x)$ has n roots, $c_1, c_2, \ldots, c_n$, then $a(x)$ will have a factorization of the form

$$a(x) = A(x - c_1)(x - c_2)\ldots(x - c_n) \tag{19}$$

for some constant A, which evidently is then the leading coefficient a_n of $a(x)$.

Complex numbers

The totality of all numbers represented by points on the number line is referred to as the set of *real numbers* and is denoted by $\mathbb{R}$. We can think of the positive real numbers as all those that can be represented in decimal form. This is a much larger collection than the rationals, $\mathbb{Q}$, as the decimal expansion of any fraction m/n, is always recurring, with the recurring block no longer than $n - 1$: for example, $2/7 = 0.\overline{285714}$ shows a recurring block of length $7 - 1 = 6$. Decimals that never fall into a recurring pattern therefore represent real numbers that are not rational: for example 0.10110111011110... is an irrational number, as is 0.12345678910111213.... The decimal expansion of $\pi = 3.14159\ldots$ is seemingly random in nature—π is certainly not a rational number, although proving that fact is difficult.

If we identify the notion of a number with that of a signed distance from 0, measured either to the left (negative) or right (positive) along the number line, then the real numbers are all the numbers to be found. This collection does, however, have one serious shortcoming: since squares are never negative, it follows that negative numbers have no square roots. In particular, there is no real number a such that $a^2 = -1$.

Mathematicians decided this would not do, as the lack of such a number acted as a roadblock to the kind of free algebraic movement required to solve certain equations. To circumvent the obstacle, the *imaginary unit* i was introduced, which was endowed with the property that $i^2 = -1$. This idea may also have been motivated via the number line itself, beginning with the observation that multiplying the members of the number line by -1 has the effect of rotating the line through $180°$ about 0, with 1 going to -1, 3 being mapped to to -3, and so forth. Since $i^2 = -1$, it seems that *two* multiplications by i are needed in order to have the same effect, which suggests that multiplication by i will rotate the number line through $90°$ about the origin. This right-angled rotation creates another copy of the number line at right angles to the original and delivers a plane of numbers, known as the *Argand plane*, named after Jean-Robert Argand (1768–1822). The point in this plane with coordinates (a, b) then corresponds to what is known as the *complex number* $z = a + ib$, where a and b are ordinary real numbers, known respectively as the *real* and the *imaginary* parts of the complex number z. The intention is that by adjoining the new number i to $\mathbb{R}$, our expanded collection of complex numbers, denoted by $\mathbb{C}$, should allow the four basic operations of addition, subtraction, multiplication, and division to be carried out and the normal laws of algebra will apply. The real numbers $\mathbb{R}$ form a subset of $\mathbb{C}$, as the representation of a real number a as a complex number is $a + 0i$ (Figure 11).

When we add or subtract two complex numbers $z = (a, b)$, $w = (c, d)$, we simply add or subtract the first and second entries as

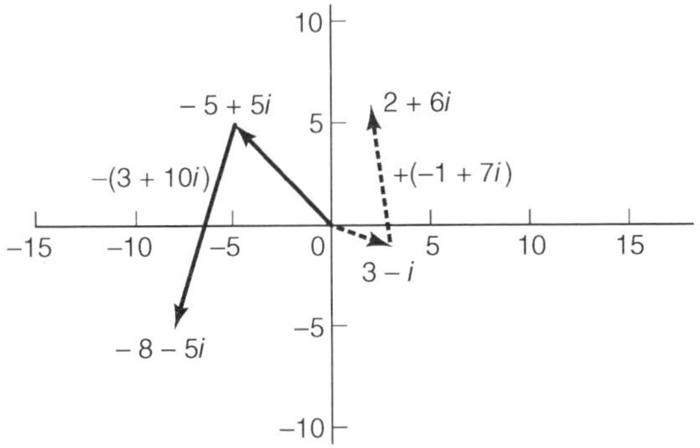

11. The Argand plane with addition and subtraction of complex numbers.

the case may be to give $(a, b) \pm (c, d) = (a \pm c, b \pm d)$. If we make use of the symbol i, we have, for example,

$$(3 - i) + (-1 + 7i) = (3 - 1) + i(-1 + 7) = 2 + 6i$$

and

$$(-5 + 5i) - (3 + 10i) = (-5 - 3) + (5 - 10)i = -8 - 5i$$

Addition of complex numbers corresponds to what is known as *vector addition* in the plane, where directed line segments (*vectors*) are added together, top to tail. We begin at the *origin*, which has coordinates (0, 0), and in this example we lay down our arrow from the origin and place its tip at (3, −1). To add the arrow represented by (−1, 7), we begin at (3, −1) and travel 1 unit to the left in the horizontal direction, which defines the *real axis*, and 7 units in the vertical direction, which is known as the *imaginary axis*. The outcome of the addition is that we end at the point (2, 6). Similarly, subtraction of complex numbers corresponds to subtraction of vectors in the plane.

Before continuing, bear in mind that the adjective 'imaginary' is just a word and we should not read too much into it. After all, a complex number $a + bi$ can be thought of simply as a pair of real numbers (a, b), in much the same way as a fraction a/b can be represented by an integer pair (a, b). The validity of the complex numbers then comes down to whether or not the system is free from contradiction, which it is, while the importance of $\mathbb{C}$ stems from its effectiveness as an arena for calculation. Leaving the monorail of the real line and passing into the Argand plane allowed mathematics and physics to blossom in a way that would otherwise have been impossible.

Multiplication of two complex numbers z and w now comes quite easily. We simply expand the product of z and w using the distributive law, replace each instance of i^2 by -1, and then collect the real and imaginary parts together:

$$zw = (a + bi)(c + di) = ac + adi + bic + bidi$$
$$= (ac + bdi^2) + adi + bci;$$
$$\therefore zw = (ac - bd) + (ad + bc)i. \qquad (20)$$

But how can we divide one complex number by another? The hint comes through the notion of conjugation, which arises in relation to the quadratic formula.

The form of the solutions of a quadratic equation with rational coefficients, as provided by the quadratic formula, comes as a pair of numbers of the form $r = p + \sqrt{q}$ and $\overline{r} = p - \sqrt{q}$, where p and q are rational. We call r and $\overline{r}$ a *conjugate pair*. Conjugates can be used to simplify an expression with a square root in the denominator so that the denominator becomes simply an integer. This process, known as *rationalizing the denominator*, is brought about by multiplying the fraction top and bottom by the conjugate of the denominator. The cross-terms involving the square root then cancel out, leaving the simplified denominator. For example, we rationalize the denominator of $3/(5 - 2\sqrt{2})$ as follows:

$$\frac{3}{5 - 2\sqrt{2}} \cdot \frac{(5 + 2\sqrt{2})}{(5 + 2\sqrt{2})} = \frac{15 + 6\sqrt{2}}{5^2 + 10\sqrt{2} - 10\sqrt{2} - 4(\sqrt{2})^2}$$
$$= \frac{15 + 6\sqrt{2}}{25 - 8} = \frac{15}{17} + \frac{6}{17}\sqrt{2}.$$

The key property of the conjugate, $\overline{r}$, of r is that the product $r\overline{r}$ falls back into the field of the rationals and the irrational *surd* of $\sqrt{2}$ in the denominator disappears. The analogue for a complex number $z = a + bi$ would be another complex number $\overline{z}$ such that $z\overline{z}$ was purely real, which is to say the imaginary part of the product would be 0 and so the imaginary unit i in the denominator vanishes. A number with this qualification is the one that results from reflecting z in the real axis to give the *complex conjugate*, $\bar{z} = a - bi$:

$$z\bar{z} = (a + bi)(a - bi) = a^2 - abi + abi - b^2i^2 = a^2 + b^2. \qquad (21)$$

Note that $z\bar{z}$ is not only real, it is also non-negative and indeed will always be positive except if $a = b = 0$, which is to say $z = 0$. Note also that (21) tells us that $z\bar{z}$ is the square of the distance of $z = a + bi$ from the origin. In keeping with the absolute value notation that it generalizes, we write this distance, known as the *modulus* of z, as $|z|$ so that $z\bar{z} = |z|^2$.

We can now divide one complex number by another through use of the complex conjugate of the divisor—for example,

$$\frac{21 + i}{3 + 2i} = \frac{21 + i}{3 + 2i} \cdot \frac{3 - 2i}{3 - 2i} = \frac{63 - 42i + 3i - 2i^2}{3^2 + 2^2} = \frac{(63 + 2) - 39i}{9 + 4}$$
$$= \frac{65 - 39i}{13} = 5 - 3i.$$

A quadratic equation may have either 0, 1, or 2 solutions, according as the discriminant $\Delta = b^2 - 4ac$ is less than, equal to, or greater than 0. The quadratic formula provides these solutions and imaginary numbers do not need to be called upon to find them. However, once x^3 appears on the stage, complex numbers arise naturally in the course of the associated calculations, even when the solutions are all real numbers. The field of complex numbers was one of the biggest surprises ever to emerge from mathematics, second only to the discovery of irrational numbers by the Pythagoreans some two thousand years earlier.

Complex numbers allow us to find the roots of a quadratic in the case where the discriminant $\Delta < 0$. For example, let us solve $x^2 - 10x + 41 = 0$. In this case

$$\Delta = b^2 - 4ac = (-10)^2 - 4(1)(41) = 100 - 164 = -64 = 64i^2;$$

hence $\pm\sqrt{\Delta} = \pm 8i$ and so we obtain

$$x = \frac{-b \pm \sqrt{\Delta}}{2a} = \frac{10 \pm 8i}{2} = 5 + 4i \text{ or } 5 - 4i. \qquad (22)$$

There is a general point to take away from (22). The complex roots of a quadratic with real coefficients are always going to form a conjugate pair, $c \pm di$. As we shall see in the upcoming section, this principle applies equally to polynomials of higher degree.

The complex conjugate has the nice property of commuting with arithmetic operations: the conjugate of a sum, difference, product, or quotient is the sum, difference, product, or quotient as the case may be of the conjugates: in symbols, $\overline{z \pm w} = \overline{z} \pm \overline{w}$, $\overline{zw} = \overline{z}\,\overline{w}$, and $\overline{(z/w)} = \overline{z}/\overline{w}$. Each of these identities can be verified by calculating both sides of the corresponding equation for two arbitrary complex numbers $z = a + bi$ and $w = c + di$ and noting that the outcome is the same for both. For instance, using our multiplication rule (20), we see that

$$\overline{zw} = (ac - bd) - (ad + bc)i = (a - bi)(c - di) = \overline{z}\,\overline{w}.$$

For division, first note that for any non-zero complex number w we have $\overline{(w/w)} = \overline{1} = 1$. Now, since division by w means multiplication by its reciprocal, we may apply the result for the conjugate of a product to obtain

$$1 = \overline{1} = \overline{w \cdot \frac{1}{w}} = \overline{w} \cdot \overline{\left(\frac{1}{w}\right)} \quad \text{so that } \overline{\left(\frac{1}{w}\right)} = \frac{1}{\overline{w}};$$

in general, then,

$$\overline{\left(\frac{z}{w}\right)} = \overline{\left(z \cdot \frac{1}{w}\right)} = \overline{z} \cdot \overline{\left(\frac{1}{w}\right)} = \overline{z} \cdot \frac{1}{\overline{w}} = \frac{\overline{z}}{\overline{w}}.$$

We shall exploit these relationships in the next section to show that the roots of polynomials with real coefficients come in conjugate pairs. However, another consequence is that

$$|zw| = |z| \cdot |w|, \tag{23}$$

and similarly the modulus of a quotient is the quotient of the moduli. To see (23) is now easy—since the quantities involved are non-negative real numbers, we need only check that their squares

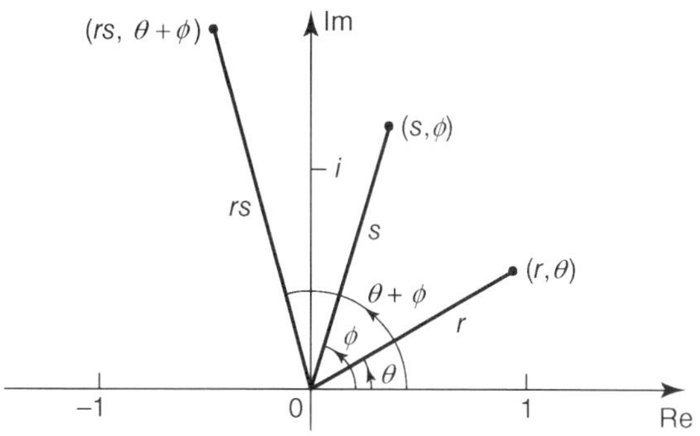

12. Multiplication of complex numbers in polar form.

are equal, which is the case:

$$|zw|^2 = (zw)(\overline{zw}) = zw\bar{z}\,\overline{w} = z\bar{z}\,w\overline{w} = |z|^2 \cdot |w|^2.$$

The rule (23) leads to another representation of complex numbers, in the form $z = (r, \theta)$, where r is the modulus of z; this places z somewhere on the circle centred at the origin O with radius r, and θ is the *angle* between the real axis and the ray Oz. This is called the *polar form* of z and is useful when dealing with powers and roots, for, in polar form, multiplication of $z = (r, \theta)$ and $w = (s, \phi)$ (Figure 12) follows the rule

$$zw = (r, \theta)(s, \phi) = (rs, \theta + \phi). \tag{24}$$

In particular, it follows through n-fold application of (24) that $z^n = (r^n, n\theta)$. That the moduli r and s multiply when we take a product follows from (23), and that the polar angles *add* can be shown by writing z in Cartesian form using trigonometric functions and applying the so-called double-angle formulae for cosine and sine.

Factorization of polynomials

The Factor Theorem tells us that if r is a root of a polynomial $p(x)$ of degree n then we may factorize $p(x)$ as $p(x) = (x - r)q(x)$, where $q(x)$ has degree $n - 1$. Repetition of this process leads, therefore, to the conclusion that the number of solutions to the equation $p(x) = 0$ is at most n. Indeed, allowing for repeated and complex roots, there will always be exactly n roots of an nth-degree polynomial. For example, the equation $x^2 + 1 = 0$ clearly has no real solutions but it does have two imaginary ones, they being $\pm i$, while the one and only solution of $x^2 - 2x + 1 = 0$ is $x = 1$. This apparent lack of a second root, however, is down to the fact that the root 1 is repeated, in that the factorization of $x^2 - 2x + 1$ is $(x - 1)(x - 1)$. We shall explore a little further.

The Factor Theorem sometimes gives us a foot in the door when it comes to solving equations featuring cubic and higher powers of the unknown x. If, for example, we can find one root a of a cubic polynomial $p(x)$, then the equation $p(x) = 0$ can be written as $(x - a)q(x) = 0$, where $q(x)$ is quadratic. The remaining solutions will then be those of the quadratic equation $q(x) = 0$ and so all solutions can be found. Indeed, it is possible to find all the rational roots of *any* polynomial equation $p(x) = 0$ with rational coefficients, for we may proceed as follows.

First, we may 'clear the denominators': by multiplying the polynomial by the product A of all the denominators, we arrive, through cancellation within each coefficient, at another polynomial with integer coefficients. This new polynomial has the same roots as the original because, since $A \neq 0$, for any value of x we have $Ap(x) = 0$ if and only if $p(x) = 0$. Therefore there is no loss of generality in assuming that $p(x)$ has the form

$$p(x) = a_0 + a_1 x + \ldots + a_n x^n,$$

where $a_0, a_1, \ldots, a_n$ lie in $\mathbb{Z}$, $n \geq 1$, and $a_n \neq 0$.

We are hunting for all the rational roots, if any, of $p(x)$ so let us suppose that $p(a/b) = 0$, where a and b are integers, with $b \neq 0$ of course. What is more, we may assume that the fraction a/b has been cancelled to lowest terms, so that 1 is the greatest common divisor of a and b. We will take for granted here a slight generalization of Euclid's Lemma, that being that if r and s have no common factor but $r|st$, then $r|t$.

Substituting $x = a/b$ in $p(x)$ and multiplying through by b^n to clear denominators we get the following, upon cancelling the powers of b that arise:

$$a_0 b^n + a_1 a b^{n-1} + a_2 a^2 b^{n-2} + a_3 a^3 b^{n-3} + \ldots + a_n a^n = 0. \qquad (25)$$

Now, if we divide the LHS by a, (25) tells us that the outcome is $0/a = 0$. However, a is an explicit factor of every term after the first: for example, $a_1 a b^{n-1}/a = a_1 b^{n-1}$ is an *integer*. It follows that the first term, $a_0 b^n$, must also be a multiple of a, otherwise the LHS could not equal the integer 0 when divided by a. However since a and b are relatively prime, the same is true of a and b^n as b and b^n have the same prime factors. We conclude, therefore, by the generalization of Euclid's Lemma, that *a must be a factor of the constant term a_0* of $p(x)$. This means that the numerator a can be found among the factors (positive and negative) of a_0.

Similarly, we can narrow the search for the denominator b of our rational root. Since b appears explicitly as a factor of each term on the LHS of (25) apart from the final one, $a_n a^n$, it follows that b is a factor of *every* term on the LHS, including $a_n a^n$. But once again, a and b have no common factor, so the same is true for a^n and b. Therefore *b must be a factor of the leading coefficient a_n* of $p(x)$.

In conclusion, we have the *Rational Root Theorem*: for any rational root a/b of $p(x)$, the numerator $a|a_0$ and the denominator $b|a_n$.

We need to be aware of what this theorem does and does not say. It does *not* say that $p(x)$ has any rational roots, and it is possible that it may not. It does say, however, that *if* $p(x)$ has any rational roots, then those roots may be found within a *finite* set of rational numbers that we can list explicitly. It is then just a matter of testing each of these candidates in turn in order to find the complete list of rational roots of $p(x)$. It may be that none of these rational numbers a/b satisfy $p(a/b) = 0$. If that is the case, we still do not know any of the roots of $p(x)$, but we do know that they are not rational. And this is perfectly possible—for instance $x^2 - 2$ has $\pm\sqrt{2}$ as its roots, which are both irrational numbers.

As an example, let us find all the roots of $p(x) = 2x^3 + x^2 - 5x - 3$. For any rational root a/b of $p(x)$, we have by the Rational Root Theorem that a is a factor of the constant term, -3, and b is a factor of the leading coefficient, 2, so that a/b is equal to or is the negative of some member of the set $\{1, 3, \frac{1}{2}, \frac{3}{2}\}$. This gives us eight possibilities to test: for example, $p(1) = 2 + 1 - 5 - 3 = -5 \neq 0$. One candidate does, however, pass the test:

$$p\left(-\frac{3}{2}\right) = 2\left(-\frac{3}{2}\right)^3 + \left(-\frac{3}{2}\right)^2 - 5\left(-\frac{3}{2}\right) - 3$$

$$= -\frac{27}{4} + \frac{9}{4} + \frac{30}{4} - \frac{12}{4} = \frac{39 - 39}{4} = 0.$$

By the Factor Theorem, $(x - (-\frac{3}{2})) = x + \frac{3}{2}$ is a factor of $p(x)$ and, by the same token, so is any non-zero multiple of this factor: multiplying our factor by 2 allows us to express $p(x)$ as

$$p(x) = 2x^3 + x^2 - 5x - 3 = (2x + 3)(ax^2 + bx + c)$$

$$= 2ax^3 + (3a + 2b)x^2 + (3b + 2c)x + 3c.$$

Equating coefficients immediately gives us $a = 1$, $c = -1$, and $3 + 2b = 1$ so that $b = -1$. (Equally, $3b - 2 = -5$ gives $b = -1$.) Hence the quadratic factor is $x^2 - x - 1$, the roots of which we may now find—indeed, we already have done so, for this is the quadratic that arose when we found the value of the Golden Ratio, which has irrational roots $(1 \pm \sqrt{5})/2$.

Both in theory and in practice, the Rational Root Theorem allows us to find all the rational roots of any polynomial with rational coefficients. As anticipated in Chapter 1, we can use it to give the important theoretical result that so vexed the mathematicians of ancient Greece, that being that if a positive integer k is *not* the nth power of another positive integer, then $\sqrt[n]{k}$ is irrational.

To this end, consider the polynomial $p(x) = x^n - k$. Putting $p(x) = 0$, we see that its roots are $\pm\sqrt[n]{k}$. If the positive root were rational, it would have the form a/b, where we may take $a, b > 0$. However, by the Rational Root Theorem we have that the numerator a is a factor of k, while b is a factor of 1, which is to say $b = 1$, and so $a/b = a$ and the root a is then a whole number. This shows that $\sqrt[n]{k}$ either is a positive integer or is irrational, but $\sqrt[n]{k}$ cannot be a non-integral fraction. In particular, numbers such as $\sqrt{2}$, $\sqrt{60}$, and $\sqrt[3]{25}$ are irrational.

The same can be said for numbers like our Golden Ratio, ϕ, for if this were not the case we would have $\phi = a/b$ and, using the expression for ϕ in (16), we could argue as follows:

$$\phi = \frac{1+\sqrt{5}}{2} = \frac{a}{b} \quad \text{and so } \sqrt{5} = \frac{2a}{b} - 1 = \frac{2a-b}{b},$$

thereby giving the contradiction that $\sqrt{5}$ could also be expressed as a fraction, which we now know it cannot. Therefore ϕ is indeed irrational.

It should be noted, however, that the irrational numbers are *not* closed under either addition or multiplication. For example, $\sqrt{2}$, $2 - \sqrt{2}$, and $\sqrt{2} \pm 1$ are all irrational, yet

$$(2-\sqrt{2}) + \sqrt{2} = 2, \quad (\sqrt{2}-1)(\sqrt{2}+1) = 2 - \sqrt{2} + \sqrt{2} - 1 = 1.$$

The *Fundamental Theorem of Algebra* asserts that any non-constant polynomial $p(x)$ has a root, λ, which may be real or complex. The theorem is true quite generally—the coefficients of $p(x)$ may be real or complex numbers. The theorem has a long history and is difficult to prove rigorously; no proof is completely algebraic, but rather there is always some element of a spatial, or, as it is called in mathematics, *topological*, argument involved.

Although not a purely algebraic result, the Fundamental Theorem of Algebra has important consequences for the nature and associated factorizations of polynomials, as we now explain.

Let $p(x)$ be a typical nth-degree polynomial, and suppose z is a complex root of $p(x)$ so that $a_0 + a_1 z + \ldots + a_n z^n = 0$. Take the conjugate of both sides of this equation. Of course, $\overline{0} = 0$ and, applying the rules that the conjugate of a sum is the sum of the conjugates and the conjugate of a product is the product of the conjugates, we obtain

$$\overline{a_0} + \overline{a_1}\,\overline{z} + \ldots + \overline{a_n}\,\overline{z}^n = 0,$$

so that $\overline{z}$ is a root of this conjugated equation. If, however, the coefficients of $p(x)$ are real, then each $\overline{a_i} = a_i$, giving us the *Conjugate Root Theorem*: if z is a root of a polynomial $p(x)$ with real coefficients, then so is its conjugate $\overline{z}$.

The Fundamental Theorem of Algebra and the Factor Theorem now work in tandem to allow the complete factorization of a polynomial $p(x)$: taking the first root, r_1, allows us to factorize $p(x)$ as $(x - r_1)q(x)$, where $q(x)$ is a polynomial of degree $n - 1$. We can repeat the process n times in all until the quotient is simply a linear polynomial with root r_n, which will have the form $A(x - r_n)$ for some non-zero constant A. We then have a complete factorization of $p(x)$ into linear factors:

$$p(x) = A(x - r_1)(x - r_2)\ldots(x - r_n). \tag{26}$$

This is a general result: the coefficients of $p(x)$ may be complex, but this factorization still exists. The question remains as to how to find these n roots, but they certainly exist and there are no more. We do note, however, that some of the roots may equal one another. For example, suppose $p(x) = x^4(x - 1)(x - 2)^2$. The degree of $p(x)$ is 7 but $p(x)$ has only three distinct roots, which are 0, 1, and 2. The root 0 of $p(x)$ occurs in four factors and the root 2 in two factors, and so we say that 0 is a root of *multiplicity* 4 and, similarly, 2 is a root of multiplicity 2 for this polynomial.

There is one final interesting observation in this story in the case where the coefficients of $p(x)$ are all real numbers. By the Conjugate Root Theorem, the roots of $p(x)$ come in conjugate pairs, z and $\bar{z}$, and if z is not a real root, we get the second root, $\bar{z}$, 'for free'. This leads to the pair of factors in our factorization $(x - z)(x - \bar{z}) = x^2 - (z + \bar{z})x + z\bar{z}$. As we have already noted, if $z = a + bi$ then $z\bar{z} = a^2 + b^2$, which is a non-negative real number. Moreover, $z + \bar{z} = (a + bi) + (a - bi) = 2a$ is equally real. That is,

$$(x - z)(x - \bar{z}) = x^2 - 2ax + (a^2 + b^2).$$

We conclude that any polynomial with real coefficients can be factorized into a sequence of linear and quadratic factors *with real coefficients*. The quadratic factors $q(x)$ are *irreducible*, meaning that $q(x)$ cannot be factorized into linear factors over the reals (but, of course, if we allow complex numbers, we can split $q(x)$ into a pair of linear factors using its conjugate root pair). This is the way in which the Fundamental Theorem of Algebra is often expressed and was the form given by the renowned German mathematician Carl Friedrich Gauss (1777–1855) in his PhD thesis of 1799.

Solution of the cubic

We have made much progress, so let's take stock of where we stand on the problem of solving the cubic equation with rational (or equivalently integer) coefficients, $p(x) = ax^3 + bx^2 + cx + d = 0$. From (26) we know that $p(x) = 0$ has three (not necessarily distinct) roots. By the Conjugate Root Theorem, these three roots either are all real numbers or consist of two complex conjugate roots and one real root. In any event, there is at least one real root to find and if we can identifiy one root, r, we can by the Factor Theorem reduce the problem to solving an equation of the form

$(x - r)q(x) = 0$, where $q(x)$ is a quadratic. We could then find the roots of $q(x)$ and so completely solve our cubic.

What is more, we may use the Rational Root Theorem to find all of the rational roots of our equation. However, if it transpires that there are no rational roots, we still have no technique for finding a real root of our cubic.

We shall mimic our successful approach for solving the quadratic. Once again, we may assume that the leading coefficient $a \neq 0$, and divide through our equation by a to produce an equivalent monic polynomial equation. Hence it is enough to consider equations of the form $x^3 + ax^2 + bx + c = 0$. (The symbols a, b, and c here stand once again for general integer coefficients and are not the same as those of the original equation.) Taking our lead from the quadratic case, the next step is to substitute $x = y + t$. By making a cunning choice for t, we should be able to produce an equivalent equation without any term in y^2. Applying the binomial expansion for the power $n = 3$, we obtain

$$(y + t)^3 + a(y + t)^2 + \ldots = 0$$

and so

$$y^3 + (3t + a)y^2 + (\text{terms in } y \text{ and constants}) = 0.$$

Therefore, if we put $t = -a/3$ the outcome will be a monic cubic in y with no term in y^2. It follows that we will be able to solve any cubic provided that we learn how to solve a *depressed cubic*, which is to say one of the form $x^3 + dx + e = 0$, for the general cubic can be reduced to one of this kind.

The quickest passage to the solution is now through use of Vieta's substitution, $x = v + s/v$, where s is chosen to simplify the resulting equation into a quadratic. Making the substitution as suggested and applying the Binomial Theorem with $n = 3$ gives the following as the LHS:

$$\left(v+\frac{s}{v}\right)^3+d\left(v+\frac{s}{v}\right)+e=v^3+3sv+\frac{3s^2}{v}+\frac{s^3}{v^3}+dv+\frac{ds}{v}+e$$

$$=v^3+(3s+d)v+(3s+d)\frac{s}{v}+\frac{s^3}{v^3}+e.$$

We can now kill two algebraic birds with one stone by putting $s=-d/3$, for then *both* the terms in v and in $1/v$ vanish, leaving the equation

$$v^3-\frac{d^3}{27v^3}+e=0,\quad \text{whence } v^6+ev^3-\frac{d^3}{27}=0.$$

Finally, we have a quadratic in v^3, meaning that by substituting $z=v^3$ we reduce the problem to the quadratic equation $z^2+ez-(d/3)^3=0$. We now solve this equation to find z, take cube roots to get v, next recover y from $y=v-d/3v$, and finally we have our solution $x=y-a/3$.

Let's apply this process to an example:

$$p(x)=x^3-3x^2+6x+8=0.$$

To get a depressed cubic we put $x=y+t$, where $t=-a/3=-(-3)/3=1$, so we put $x=y+1$, which gives

$$(y+1)^3-3(y+1)^2+6(y+1)+8$$

$$=(y^3+3y^2+3y+1)-(3y^2+6y+3)+(6y+6)+8=0$$

$$\Rightarrow y^3+3y+12=0.$$

Next we use the Vieta substitution, $y=v+s/v=v-d/3v=v-3/3v=v-1/v$, which gives

$$\left(v-\frac{1}{v}\right)^3+3\left(v-\frac{1}{v}\right)+12=v^3-3v+\frac{3}{v}-\frac{1}{v^3}+3v-\frac{3}{v}+12=0$$

$$\Rightarrow v^3-\frac{1}{v^3}+12=0\Rightarrow v^6+12v^3-1=0.$$

Putting $z = v^3$ gives the quadratic

$$z^2 + 12z - 1 = 0$$

$$\Rightarrow z = \frac{-12 \pm \sqrt{144 + 4}}{2} = \frac{-12 \pm \sqrt{148}}{2}$$

$$= \frac{-12 \pm \sqrt{4 \times 37}}{2} = \frac{-12 \pm 2\sqrt{37}}{2} = -6 \pm \sqrt{37}.$$

Taking the root $\sqrt{37} - 6$, we get that $v = \sqrt[3]{\sqrt{37} - 6}$ (the alternative choice leads to the same set of roots). Continuing, we may now find a real root:

$$x = y + 1 = v - \frac{1}{v} + 1 = \frac{v^2 + v - 1}{v}.$$

So, finally, we have our real root:

$$x = \frac{(\sqrt{37} - 6)^{2/3} + (\sqrt{37} - 6)^{1/3} - 1}{(\sqrt{37} - 6)^{1/3}} \approx -0.8589.$$

Returning to the original polynomial $p(x) = x^3 - 3x^2 + 6x + 8$, we may check that $p(-1) = -2 < 0 < 8 = p(0)$. Since the graph of the polynomial is a continuous curve, $p(x)$ must therefore take on every possible value between -2 and 8 as x increases from -1 to 0. In particular, there must be a value of x in the interval $-1 < x < 0$ such that $p(x) = 0$. What is more, the values of $p(-1)$ and $p(0)$ suggest that this root will lie closer to -1 than to 0. The previous calculation confirms this and tells us precisely where that root lies.

Associated with a cubic, or indeed with any polynomial, there is a quantity Δ, called the *discriminant*, that determines the nature of its roots. In the case of a quadratic polynomial, $ax^2 + bx + c$, we have $\Delta = b^2 - 4ac$. Without giving the general definition here, suffice it to say that Δ is a certain product of squares of the differences of the roots. (For a monic quadratic with roots r and s, we can check that $\Delta = (r - s)^2$.) Since the discriminant has the product of the differences of the roots as a factor, it follows that $\Delta = 0$ if and only if two of the roots are identical, which is to say the polynomial has a repeated root. In the real coefficient cubic case, we can say more, in that $p(x)$ has three real roots if $\Delta \geq 0$ but if $\Delta < 0$ the polynomial has just one real root and a pair of complex conjugates for the other roots.

The definition of Δ is theoretically useful as it reveals facts such as those just mentioned, but since it is expressed in terms of the roots, which are unknown, it is not a useful form for calculation. However, the value of Δ can be expressed in terms of the coefficients of the polynomial, although the expression is very complicated for high powers. For the cubic $ax^3 + bx^2 + cx + d$, it transpires that

$$\Delta = b^2c^2 - 4ac^3 - 4b^3d - 27a^2d^2 + 18abcd.$$

In our example, $a = 1$, $b = -3$, $c = 6$, and $d = 8$ and so

$$\Delta = (-3)^2(6^2) - 4(1)(6^3) - 4(-3)^3(8) - 27(1^2)(8^2) + 18(1)(-3)(6)(8)$$

$$= -3996 < 0;$$

hence the real root that we found is the only one. However, as the pioneers of the Italian Renaissance discovered, in the case of a positive discriminant, the substitution method leads to expressions involving complex numbers even though all three roots are real.

We close with a few words on *quartic* and *quintic* equations, which are respectively polynomial equations of degree four and five. Methods for solving both cubic and quartic equations appeared together in the book *Ars Magna*, written by Gerolamo Cardano in 1545. The method for solving the quartic was devised by Cardano's student Lodovico Ferrari (1522–65). First, a simple substitution reduced the problem to that of the monic depressed quartic, which has the form $x^4 + ax^2 + bx + c = 0$. At this point Ferrari devised an ingenious substitution that in principle allowed solution of the problem. The difficulty that remains, however, is that the newly introduced variable y has to be chosen so that the discriminant of a certain associated quadratic is 0. In order for this to hold, y has to be the solution of a certain cubic equation. In this way, Ferrari had shown that provided that cubic equations could be solved, then so could fourth-degree equations.

Eventually, though, the line of manipulations and substitutions devised to find roots of polynomials becomes exhausted. The Ruffini–Abel Theorem proved that there is no formula for the roots of a fifth-degree (or higher) polynomial equation in terms of the coefficients of the polynomial, using only the usual algebraic operations (addition, subtraction, multiplication, and division) and application of radicals (square roots, cube roots, etc.). The modern development of the theory of roots of equations, however, stems from the efforts of Évariste Galois (1811–32), whose work led to an entirely new branch of abstract algebra known as group theory, which has dominated research in the subject ever since.

Chapter 6
Algebra and the arithmetic of remainders

This chapter features a new type of algebra, the arithmetic of remainders, which is both an ancient topic and one that has found a major contemporary application in Internet cryptography. We first say a little more about abstract algebra, as it forms the backdrop to the particular example types that you will meet in the remainder of the book.

Groups, rings, and fields

The integers under the operation of addition, $(\mathbb{Z}, +)$, are a key example of what is known as a *group*. A group consists of an underlying set, which in the case of the integers is $\mathbb{Z}$, coupled with an operation, addition (+) in this case, which allows two members of the set, a and b say, to interact and produce another member, $a + b$, of the same set. A group operation must be a *binary operation*, like addition, meaning that it involves *two* elements of the set. What is more, for a binary operation to be a group operation we insist further that the operation satisfies three particular conditions, all of which hold for integer addition: the operation, +, must be associative, i.e. $a + (b + c) = (a + b) + c$ for any three members a, b, c of the set; there must be an *identity element*, denoted by 0, which has the property that $a + 0 = 0 + a = a$ always holds; and, finally, each member a of the set must have an *inverse* element, denoted here by $-a$, that reverses the effect of adding a in the sense that $a + (-a) = (-a) + a = 0$, the identity element.

Integer addition also satisfies the commutative law in that $a + b = b + a$. Commutativity is not, however, part of the general definition of a group, but when the operation of a group G does respect the commutative law, we say that G is an *abelian group*, a term derived from the surname of Niels Abel (1802–29), who gave his name to the Ruffini-Abel Theorem mentioned in Chapter 5 in relation to the insolvability of fifth-degree polynomial equations.

From Chapter 7 onwards we will meet other examples of sets, in particular sets of matrices, which form groups with operations that are completely different from ordinary addition. However, because these new operations still satisfy the group axioms, any general results about groups will hold in these contexts as well, and this gives a pointer as to why groups and other abstract algebras are studied in full generality.

The payoff from this approach stems from the fact that whatever theorems and relationships come to light in the context of abstract algebra then apply to any particular algebraic object that obeys the rules in question. Mathematicians often seek out the widest setting in which key theorems hold, as that not only increases their scope but also gives a clearer understanding as to why they are true. For these reasons, you will find that textbooks on abstract algebra often refer to *semigroups* and *groups*, which are algebras with a single associative operation, while *rings* and *fields*, which are notions that we are about to introduce, are algebras with two operations linked via the distributive law. And there are more: *lattices* are algebras with an ordered structure, while *vector spaces* and *modules* are algebras where the members can be multiplied by scalar quantities from other fields or rings. Algebras themselves are also studied collectively. This holistic approach is known as *universal algebra* and its practitioners search for theorems that are valid for algebras of all kinds.

The integers under addition are an abelian group that we have been dealing with since childhood, which is why the group properties in this context are natural to all of us. However, right from the beginning, we work with *two* operations, addition and multiplication, when dealing with $\mathbb{Z}$. For this reason we need to consider algebras like the integers and like the rational numbers, $\mathbb{Q}$, which have a pair of binary operations, linked by the distributive law.

A *commutative ring* is a type of algebra, such as the integers $\mathbb{Z}$, which possesses two operations, denoted by + and ·. Under the operation denoted by +, the set forms an abelian group. The multiplication operation too is associative and commutative but a ring is also required to satisfy the distributive law of addition, +, over multiplication, ·, namely that $a \cdot (b + c) = a \cdot b + a \cdot c$. A different kind of example of a commutative ring is the ring $\mathbb{P}$ of all polynomials with, let us say, real coefficients, under the operations of polynomial addition and multiplication.

A *field* is a special type of commutative ring, an example being the rational numbers $\mathbb{Q}$, where there is also a multiplicative identity, often denoted by 1 (an attribute that $\mathbb{Z}$ also possesses; for this reason $\mathbb{Z}$ is known as a *unital ring*), and every non-zero member a of a field has a *multiplicative inverse*, denoted by either a^{-1} or $1/a$, such that $a^{-1} \cdot a = 1$.

Our two extended number systems of the real numbers, $\mathbb{R}$, and the complex numbers, $\mathbb{C}$, both pass the test that earns them the title of a field. On the other hand, the collection $\mathbb{P}$ of all polynomials with real coefficients form a commutative unital ring that is not a field.

In Chapter 2 we proved results such as $a \times 0 = 0$ and that the additive inverse, $-a$, of a is unique. Although we were thinking of the letter a as an integer when conducting those arguments, the symbol a could have stood for any member of an arbitrary commutative ring, as the argument rests only on laws that apply in that context. It follows that these results apply in particular to the ring of polynomials, $\mathbb{P}$. Moreover, the Binomial Theorem holds in any commutative ring, so the symbols x and y in the binomial $(x + y)^n$ can stand for polynomials and the conclusion of the theorem is equally valid.

Although these are quite simple results, $\mathbb{P}$ has more in common with $\mathbb{Z}$, in that a form of the Euclidean Algorithm works for polynomials as well: for any polynomials $p(x)$ and $q(x)$, we may find a unique monic polynomial, $g(x)$, which is a gcd of $p(x)$ and $q(x)$ in the sense that any other such common factor of $p(x)$ and $q(x)$ is itself a factor of $g(x)$. This guarantees that the rings $\mathbb{Z}$ and $\mathbb{P}$ share other more subtle algebraic properties concerning their internal make-up, known as their *ideal* structure, which will not be elaborated on further here but is central to their study.

We shall shortly be leaving these abstract considerations for the time being, but the idea to take forward is that various types of algebras have been defined where the collections under consideration need to satisfy a special set of algebraic rules. The reason why one particular arrangement of rules is the focus of attention is because certain important yet different collections of algebraic objects have been found to share these properties, and for that reason it is worthwhile studying particular types of algebra in full generality, groups, rings, and fields being three cases in point.

Before moving on, however, we make one more observation that particularly applies to the integers. Early in the piece we proved that any product involving zero is equal to zero: $a \times 0 = 0$. Is the converse true? In other words, *if* a product of integers $ab = 0$, may we infer that at least one of the factors, a or b, must be 0?

In the case of the ring of integers, the answer is yes, and a commutative unital ring with this property is called an *integral domain* in recognition of this integer-like property. We can see this is true by observing that $\mathbb{Z}$ may be regarded as being embedded in its *field of fractions*, which is $\mathbb{Q}$. If we have $ab = 0$ in $\mathbb{Z}$ then $ab = 0$ in $\mathbb{Q}$ as well, and then either $a = 0$ or, if not, we may multiply both sides of this equation by a^{-1} to obtain

$$(a^{-1}a)b = a^{-1} \cdot 0 \Rightarrow 1 \cdot b = 0 \quad \text{and so } b = 0;$$

hence if $ab = 0$ then at least one of a and b is 0.

Although we cannot generally divide within an integral domain such as the integers, we can freely cancel because the characteristic property of an integral domain is just what is needed to guarantee this. Suppose we have $ab = ac$ in an integral domain with $a \neq 0$. Then $ab - ac = a(b - c) = 0$, and since a is not 0, it follows that $b - c$ is zero, which is to say $b = c$, and so we may cancel the common factor a from both sides of $ab = ac$. Not every commutative ring enjoys this feature. As we shall see in the next section, there are commutative rings that are not integral domains (and so cannot be embedded into a field). Indeed, the members of these rings can be integers—the addition and multiplication operations, however, are a little different.

Modular arithmetic: rules of engagement

We now set out to establish the algebraic rules for the *ring of integers modulo n*. Modular arithmetic is often called clock arithmetic, as we imagine a clock face with n numbers, $0, 1, \ldots, n - 1$, and we do our arithmetic on that, meaning that whenever you go past $n - 1$ you return again to 0 in a fashion reminiscent of a clock, or of a turnstile, or of cycles of a calendar. That all sounds quite simple and inconsequential, but the opposite is true. Modern cryptography is based on clock arithmetic and if it were all simple, the codes that rely on it would be simple to crack, but they are anything but. The erratic and unpredictable way that remainders arise under division lies at the heart of it all. We begin by identifying where two integers are essentially the same from the point of view of our arithmetic clock.

We call two integers a and b equivalent or *congruent modulo n* if $n|a - b$, which is to say that $a - b = kn$ for some integer k or, if you prefer, $a = b + kn$. Intuitively, a and b are equivalent if they represent the same time on the n-hour clock. We denote equivalence modulo n by the equation $a \equiv b \pmod{n}$.

A third way of phrasing this notion, which is perhaps the most important, is that $a \equiv b \pmod{n}$ if and only if a and b *leave the same remainder when divided by n*. For example, $22 \equiv 40 \pmod{6}$ as both 22 and 40 leave the remainder 4 when divided by 6.

The congruence sign is meant to suggest something akin to equality, and this is borne out by the basic observations that $a \equiv a \pmod{n}$, that if $a \equiv b \pmod{n}$ then it is equally the case that $b \equiv a \pmod{n}$, and, as with ordinary equality, that the congruence sign has the *transitive property* in that if $a \equiv b \pmod{n}$ and $b \equiv c \pmod{n}$ then $a \equiv c \pmod{n}$, as all three numbers will necessarily leave the same remainder when divided by n. A consequence of these three properties is that congruence mod n partitions the integers into n *equivalence classes*, as they are called. For example, for $n = 4$ the four classes, are

$$\{\ldots, -8, -4, 0, 4, 8, 12, \ldots\}, \ \{\ldots, -7, -3, 1, 5, 9, 13, \ldots\},$$

$$\{\ldots, -6, -2, 2, 6, 10, 14, \ldots\}, \ \{\ldots, -5, -1, 3, 7, 11, 15, \ldots\},$$

so that $-3 \equiv 9 \pmod{4}$, $24 \equiv 0 \pmod{4}$, and so on. The n classes of equivalence modulo n are often written as $[0], [1], [2], \ldots, [n-2], [n-1]$ and the representatives of each of these classes, $0, 1, 2 \ldots, n-1$, are called the *least residues* modulo n, which is to say they are the n possible remainders when an integer is divided by n. Every integer lies in one and only one of these n classes.

Modular arithmetic is all about manipulating these least-residue classes and, given that they represent infinite collections, that may sound daunting. However, you are well used to the idea that a fraction such as $\frac{2}{3}$ is equal to, or more accurately is equivalent to, any of an infinite number of fractions of the form $2m/3m$. As long as we are confident in the rules that govern fractions, this causes no trouble. The saving grace is that there is a unique representative of a fraction, that being the fraction cancelled to its lowest terms, which we tend to work with where possible. At times, however, fractions that are not fully cancelled down arise during calculations. In much the same way, the least residue is the smallest non-negative number in its equivalence class modulo n, and we shall normally work with these representatives while being aware that sometimes it may be convenient to use other representatives instead.

We will, however, need to know the algebraic rules that govern our new arithmetic, which is what we now go about establishing.

The notation $a \equiv b \pmod{n}$ is highly suggestive of ordinary equality, tempting us to indulge in the same kinds of algebraic manipulations we have worked with since our schooldays. If this were not the case, the choice of notation would not be appropriate. We will find, however, that the laws of modular arithmetic, although similar, are not identical to those of ordinary addition and multiplication.

We do not record complete proofs of all the results listed in this section. However, the claims, which all follow from the definition of congruence and elementary properties of number division, can be found in any textbook on number theory.

We begin with a simple observation, $(a + c) - (b + c) = a - b$, from which it follows that $a \equiv b \pmod{n}$ if and only if $a + c \equiv b + c \pmod{n}$, so that we may freely add any integer to both sides of a *congruence*, as these equations are often called (and so also subtract any integer). This fact ensures that whenever $a \equiv b \pmod{n}$ is true, we may replace $a + c$ by $b + c$ in any congruence equation modulo n.

Other nice properties of congruences now follow, which can be justified by arguments like the previous one. For instance, if $a_1 \equiv a_2 \pmod{n}$ and $b_1 \equiv b_2 \pmod{n}$, then $a_1 + b_1 \equiv a_2 + b_2 \pmod{n}$. This in effect now gives us an addition operation on the congruence classes, for it says that when we add two numbers modulo n, the class of the answer does not depend on which numbers are used to represent those classes in the sum. For example

$$15 + 11 \equiv 3 - 1 \equiv 2 \pmod{12} \quad \text{as } 15 \equiv 3 \text{ and } 11 \equiv -1 \pmod{12}.$$

We call this addition of classes via their representatives *addition modulo n* and write $(\mathbb{Z}_n, +)$ to denote the set of least residues $\{0, 1, 2, \ldots, n-1\}$ under the operation, +, of addition modulo n. The additive identity of this number system is 0, and the operation + is commutative and associative. We thus have a fully fledged abelian group, as each $a \in \mathbb{Z}_n$ has $n - a$ as its inverse because $a + (n - a) = n \equiv 0 \pmod{n}$.

For multiplication, it follows in a similar fashion to addition that $a \equiv b \pmod{n}$ implies that $ac \equiv bc \pmod{n}$, and from this we deduce that $a_1 \equiv a_2 \pmod{n}$ and $b_1 \equiv b_2 \pmod{n}$ imply that $a_1b_1 \equiv a_2b_2 \pmod{n}$. Hence, as with addition, we may replace any number in an expression involving multiplication by any other from its congruence class modulo n and the result is congruent modulo n to the original. Moreover, congruence classes may be multiplied together through their representatives, and the outcome is independent of which representatives we adopt. What is more, commutativity, associativity, and distributivity of multiplication all hold in consequence of these laws being valid for the integers. In conclusion, we now have a commutative unital ring with a multiplicative identity 1, that ring being denoted by $(\mathbb{Z}_n, +, \times)$.

In the previous section, it was pointed out that the ring of integers is also an integral domain, giving multiplication in $\mathbb{Z}$ the cancellation property. Is that property also inherited by its 'image'

$\mathbb{Z}_n$? The answer is in general 'no' because if n is a composite number, $n = ab$ say, then neither a nor b is congruent to 0 modulo n but $ab = n \equiv 0 \pmod{n}$. As a consequence, we cannot cancel freely: for example, $15 \times 6 \equiv 11 \times 6 \equiv 18 \pmod{24}$ but we cannot cancel the common factor of 6 to conclude that $15 \equiv 11 \pmod{24}$, for that is clearly false.

An important class of exceptions is that of the rings $\mathbb{Z}_p$, where p is a prime, as here Euclid's Lemma comes to the rescue: if $ab \equiv 0 \pmod{p}$ then $p|ab$, so that $p|a$ or $p|b$, which is to say $a \equiv 0 \pmod{p}$ or $b \equiv 0 \pmod{p}$, which says exactly that $\mathbb{Z}_p$ is an integral domain. Indeed, that makes $\mathbb{Z}_p$ a field, for any *finite* integral domain F is a field. (This is because the cancellation law tells us that for any non-zero $a \in F$, the list of products of the form ab cannot have repeats and so, by finiteness, must exhaust the whole of F: in particular, one product ab must equal the multiplicative identity 1, and therefore a does indeed have an inverse, namely this number b.) Hence, for any prime p, the integral domain $\mathbb{Z}_p$ is a finite field with p elements. It turns out that there are other finite fields (indeed, there is exactly one finite field for every prime power p^n), but there are no others. This topic will be revisited in our final chapter.

Returning to the subject of the current chapter, the rings $\mathbb{Z}_n$, there is nonetheless a form of cancellation that is valid across any congruence sign. Let d denote the gcd of c and n. Then $ac \equiv bc \pmod{n}$ implies that $a \equiv b \pmod{n/d}$. For example, from the equation $24a \equiv 60b \pmod{93}$, we may wish to cancel the common factor of $c = 12$ in the congruence, while $n = 93 = 3 \times 31$. Hence the gcd of c and n is $d = 3$, and we conclude that $2a \equiv 5b \pmod{31}$. That is to say, you can be sure that $2a - 5b$ is a multiple of 31, but it is not necessarily a multiple of the larger, original modulus 93.

We close this section by drawing attention to one big advantage of arithmetic modulo n over the ordinary non-modular type, which is that since there are but n different possibilities to consider, important facts can often be verified simply by testing all the n numbers involved. For example, we now show that the sum of three squares, $a^2 + b^2 + c^2$, never has the form $8k + 7$.

To see this, instead of using the least residues 0, 1, . . . , 7 to represent the eight congruence classes, let us use the alternative set $-3, -2, -1, 0, 1, 2, 3, 4$, as this collection is simpler to deal with when squaring. Any square a^2 equals modulo 8 one of 0, 1, 4; for example, if $a \equiv -3 \pmod{8}$ then $a^2 \equiv (-3)^2 = 9 \equiv 1 \pmod{8}$. It follows that the sum of three squares modulo 8 is equal to a sum of three of the numbers (with repeats allowed) from the list of possibilities of 0, 1, 4. We find that under these rules we can generate the numbers 0, 1, 2, 3, 4, 5, and 6 (for example, $6 = 1 + 1 + 4$), but not 7. Therefore we conclude that for *any* three squares, $a^2 + b^2 + c^2 \not\equiv 7 \pmod{8}$. A famous theorem in number theory is that *any* non-negative integer is the sum of *four* squares. The preceding calculation shows, however, that there are infinitely many positive integers, namely 7, 15, 23, 31, . . ., that are not the sum of three.

Solving linear congruences

Having described the general algebraic structure of the ring $\mathbb{Z}_n$, we will now show how to solve linear equations in this ring: equations of the form $ax + c \equiv d \pmod{n}$. Of course, there is no difficulty in subtracting c from both sides of this equation, and so the real question is how do we solve congruences of the form $ax \equiv b \pmod{n}$?

To witness the range of behaviour offered by even the simplest congruences, consider the near-identical trio

$$3x \equiv 2 \pmod{6}, \quad 5x \equiv 2 \pmod{6}, \quad 4x \equiv 2 \pmod{6}. \qquad (27)$$

By testing each of the six possible values, we find that the first congruence has no solution at all, the second has a unique answer, 4, and the third equation has two solutions, namely 2 and 5.

The following theorem gives the number of solutions to $ax \equiv b \pmod{n}$. Let d stand for the gcd of a and n. There are no solutions to the congruence equation if d is not a factor of b, but if it is then there are d solutions.

This is consistent with what we have just observed about the three equations in (27). The first has no solution, as the gcd of the pair 3 and 6 is 3, which is not a factor of 2. In the second congruence, the gcd of 5 and 6 is 1, and of course 1 is a factor of 2 and our second equation indeed has exactly one solution. For the final equation, the relevant gcd is $d = 2$, the gcd of 4 and 6, and since $2|2$ is certainly true, we expect and obtain two solutions here, all in accord with the general description provided by the theorem.

To see that we must have $d|b$ in order to have a solution, let us suppose that $ax \equiv b \pmod{n}$, whence $ax - b = kn$, say, or, making b the subject, $b = ax - kn$. It follows that any common factor of a and n must divide b also, and in particular this is true of d, the gcd of a and n.

As was implicitly shown in Chapter 3, a linear equation $ax = b$ in a field has a unique solution, $x = a^{-1}b$, so let's begin with the case where n is a prime, for here we know from the previous section that $\mathbb{Z}_n$ is indeed a field.

The solution is formally given by $x = a^{-1}b$, but the question remains as to how to find a^{-1}. Let us take an example, $6x \equiv 14 \pmod{31}$. Since 31 is prime and we are working in a field, we may indeed cancel and simplify to $3x \equiv 7 \pmod{31}$. The simplest way to solve this is now to add multiples of the modulus to the RHS until we can cancel the remaining coefficient of 3, and so we consider the sequence $7, 7 + 31 = 38, 38 + 31 = 69, \ldots$. We now get the answer from $3x \equiv 69 \pmod{31}$ and so $x \equiv 23 \pmod{31}$, which is to say that 23 is the unique least-residue solution to our original congruence.

In the case of a composite modulus, however, there may be more than one answer, as we saw with (27). However, the congruence can be solved by adding multiples of the modulus to the RHS until the coefficient of x has been cancelled down to 1. (The argument that justifies this claim is based on working the Euclidean Algorithm in reverse.) The full set of solutions then consists of the fundamental solution, x say, to which we may add multiples of $n' = n/d$ until we have the full suite of d solutions, as is illustrated in the next two examples.

For $4x \equiv 2 \pmod 6$, we have $d = \gcd(a, n) = \gcd(4, 6) = 2$. We may cancel the 2 to get $2x \equiv 1 \pmod 3 \Leftrightarrow 2x \equiv 4 \pmod 3 \Leftrightarrow x \equiv 2 \pmod 3$. The full set of least-residue solutions to the original congruence then consists of the fundamental solution, in this case $x = 2$, to which we may add $d - 1 = 2 - 1 = 1$ further solution, that being

$$x + n' = x + \frac{n}{d} = 2 + \frac{6}{2} = 2 + 3 = 5.$$

A more challenging example is

$$30x \equiv 24 \pmod{57}.$$

Here, $a = 30$, $b = 24$, $n = 57$, $d = \gcd(30, 57) = 3$ and so

$$n' = \frac{n}{d} = \frac{57}{3} = 19.$$

Since $3|24$, we cancel accordingly and obtain $10x \equiv 8 \pmod{19}$. We now have a prime modulus with a unique solution and we may freely cancel again to obtain $5x \equiv 4 \pmod{19}$. We look through the sequence $4 + 19n$ to find a multiple of 5:

$$4, \quad 4 + 19 = 23, \quad 23 + 19 = 42, \quad 42 + 19 = 61, \quad 61 + 19 = 80.$$

Hence $5x \equiv 80 \pmod{19}$, whence $x \equiv 16 \pmod{19}$. Since $d = 3$, we have three solutions all told, and since $n' = 19$ these are 16, $16 + 19 = 35$, and $35 + 19 = 54$.

Chapter 7
Introduction to matrices

Matrices represent the central algebraic vehicle for advanced computation throughout mathematics as well as in the physical and social sciences. Their introduction in the second half of the 19th century made mathematicians aware that there were important algebraic systems apart from number fields, and their study stimulated the growth of abstract algebra in the early 20th century.

Matrices and their operations

The word 'matrix' has a number of meanings in science as one kind of aggregation or another. Its meaning in mathematics is more akin to its use in the film *The Matrix*, where the characters inhabited a virtual world that was coded as an enormous binary array on a gigantic computer. Indeed, a matrix is simply a rectangular array of numbers of some kind: for example,

$$A = \begin{bmatrix} 9 & 0 & 3 & 1 & 4 \\ 2 & 8 & 4 & 7 & 0 \\ 1 & 1 & 5 & 4 & 4 \end{bmatrix}, \quad B = \begin{bmatrix} -1 & 0 & 4 & 2 & 0 \\ -1 & 4 & 3 & 2 & 3 \\ -1 & 0 & 6 & -1 & 12 \end{bmatrix}.$$

These two matrices, A and B, both have the same size in that each has 3 rows and 5 columns, but a matrix may have any number of rows, m, and columns, n. The matrices A and B are therefore 3×5 matrices; an $n \times n$ matrix is naturally called a *square* matrix.

There are some natural and simple operations that can be performed on matrices. First there is *scalar multiplication*, where all entries in a matrix are multiplied by a fixed number: I am sure the reader can write down the matrices $2A$ and $-3B$ without difficulty. Two matrices of the same size may be added (or subtracted) by adding (or subtracting) the corresponding entries to form a new matrix of the same size as the original pair. Indeed, we can form *linear combinations* of the form $aA + bB$ for any multipliers a and b. For example,

$$2A - 3B = \begin{bmatrix} 21 & 0 & -6 & -4 & 8 \\ 7 & 4 & -1 & 8 & -9 \\ 5 & 2 & -8 & 11 & -28 \end{bmatrix};$$

for instance, the entry at position (3, 1), meaning the third row and first column, is given here by $2(1) - 3(-1) = 2 + 3 = 5$.

This is all very simple, and it is fair to ask why we would want to look at this idea at all. What problems are we hoping to solve by introducing these arrays?

What makes matrices important is the way they are multiplied, for this is a completely new operation that arises in a host of problems involving many variables, which is a feature of complex, real-world situations. Before we move on to that it is worth noting, however, that the definition above allows matrix addition to satisfy the commutative and associative laws, as for $m \times n$ matrices A, B, and C,

$$A + B = B + A, \quad A + (B + C) = (A + B) + C.$$

Both these facts are immediate consequences of the corresponding laws holding for ordinary numbers. Also, for scalars a, b, and c we have the rules

$$(ab)A = a(bA); \quad a(A + B) = aA + aB, \quad (a + b)A = aA + bA. \tag{28}$$

None of this is surprising, but it does give notice that the laws of algebra can be applicable to algebraic systems other than various number fields such as $\mathbb{Q}$ and $\mathbb{C}$.

Matrix ideas have a very long history. The ancient Chinese text *The Nine Chapters on the Mathematical Art* (compiled around 250 BC) features the first examples of the use of array methods to solve simultaneous equations, including the concept of determinants (the subject of Chapter 9). The idea first appeared in Europe in Cardano's 16th-century work *Ars Magna*, mentioned in Chapter 5 in connection with the solution of the cubic.

From about 1850, the British mathematician James Sylvester did much to establish matrix and determinant theory as a branch of mathematics in its own right, along with his friend Arthur Cayley, who first introduced the formal notion of a group. In the 20th century, matrix theory arose irresistibly in many branches of mathematical physics, particularly in quantum mechanics.

To motivate matrix multiplication, we write our example of a 2×2 set of linear equations from Chapter 3 in matrix form. Since the problem is determined by the coefficients of the unknowns together with the right-hand sides of the equations, we isolate the *coefficient matrix* and write the pair of equations as a single matrix equation in the following fashion:

$$\begin{aligned} -2x + 5y &= 34 \\ 3x + 4y &= -5 \end{aligned} \Leftrightarrow \begin{bmatrix} -2 & 5 \\ 3 & 4 \end{bmatrix} \begin{bmatrix} x \\ y \end{bmatrix} = \begin{bmatrix} 34 \\ -5 \end{bmatrix}.$$

In order that our matrix equation represents a matrix product, we require that

$$\begin{bmatrix} -2 & 5 \\ 3 & 4 \end{bmatrix} \begin{bmatrix} x \\ y \end{bmatrix} = \begin{bmatrix} -2x + 5y \\ 3x + 4y \end{bmatrix}.$$

Regarding the RHS as the product of the two matrices on the left, we see that the first entry, $-2x + 5y$, is equal to -2, the first entry of the first row of the first matrix, times the first entry of the column matrix $\begin{bmatrix} x \\ y \end{bmatrix}$, plus the second entry, 5, of the first row times the second entry of the column matrix. On the other hand, $3x + 4y$ is the result of adding the first entry of the *second* row of the 2×2 matrix times the first entry, x, of the column plus the second entry of the second row times the second entry of the column. This is how matrix products are formed in general, as a sum of products of rows of the first matrix times columns of the second. For that to work, we need the length of the rows of the first matrix to match the length of the columns of the second. Another way of putting this is to say that the number of columns of the first matrix must equal the number of rows of the second.

Having said that, we make this precise as follows. Let A be an $m \times n$ matrix and B an $n \times k$ matrix. The product $C = AB$ will be an $m \times k$ matrix, which is to say the product has the same number of rows as A, the matrix on the left, and the same number of columns as the second matrix, B, on the right. A matrix with just one row is called a *row vector* and, similarly, a one-column matrix is a *column vector*.

The next example is of a 2×3 matrix, A, multiplied by a 3×2 matrix, B, resulting in a 2×2 product matrix:

$$AB = \begin{bmatrix} 1 & 2 & -1 \\ -1 & 0 & 1 \end{bmatrix} \begin{bmatrix} 1 & -2 \\ 0 & 3 \\ -1 & 0 \end{bmatrix} = \begin{bmatrix} 2 & 4 \\ -2 & 2 \end{bmatrix}.$$

For example, the entry in the top right-hand corner of the product is 4, which comes from taking the so-called *scalar product* (or *dot product*) of the first row of A and the second column of B: $1 \times (-2) + (2 \times 3) + (-1 \times 0) = -2 + 6 - 0 = 4$.

Let us now compute the reverse product:

$$BA = \begin{bmatrix} 1 & -2 \\ 0 & 3 \\ -1 & 0 \end{bmatrix} \begin{bmatrix} 1 & 2 & -1 \\ -1 & 0 & 1 \end{bmatrix} = \begin{bmatrix} 3 & 2 & -3 \\ -3 & 0 & 3 \\ -1 & -2 & 1 \end{bmatrix}. \qquad (29)$$

This example shows that matrix multiplication spectacularly fails the commutative law. The matrices AB and BA are certainly unequal, for they do not even have the same dimensions. And this bad behaviour is not just a feature of oblong matrices. If you write down two square $n \times n$ matrices A and B, then both AB and BA will also be $n \times n$ matrices but they will otherwise probably be quite different from one another.

The general description of the matrix product is as follows. Let $A = (a_{ij})$ be an $m \times n$ matrix, meaning that the entry in row i and column j is a_{ij}. Similarly, let $B = (b_{ij})$ denote an $n \times k$ matrix. Then the product $C = AB$ has entries (c_{ij}), where c_{ij} is the *scalar product* of row i of A and column j of B, which is the number

$$c_{ij} = a_{i1}b_{1j} + a_{i2}b_{2j} + \cdots + a_{in}b_{nj}. \qquad (30)$$

The equation (30) says that c_{ij} equals the first entry of row i of A times the first entry of column j of B, plus the second entry of row i times the second entry of column j, and so on.

There is something slightly peculiar about the product BA in (29). If we label the row vectors of BA from top to bottom as $\mathbf{r}_1, \mathbf{r}_2$, and $\mathbf{r}_3$, you will notice that $\mathbf{r}_1 + \frac{2}{3}\mathbf{r}_2 + \mathbf{r}_3 = \mathbf{0}$, where $\mathbf{0} = (0, 0, 0)$ is the *zero vector*. We say that the row set of BA is *dependent*, in that one row can be expressed in terms of the others: for example, here we might write $\mathbf{r}_1 = -\frac{2}{3}\mathbf{r}_2 - \mathbf{r}_3$. This is an instance of a general phenomenon, as we next explain.

For any matrix M, the *row rank* of M is the maximum number of rows we can locate in the matrix that form an *independent set*, meaning that no row is equal to a *linear combination*, which means a sum of multiples, of the other rows. Of course, we can replace the word 'row' in this definition by 'column' and in the same way define the *column rank* of M. For example, the first two rows of BA are independent as neither is a multiple of the other, but, as we have seen, the three rows do not form an independent set, as $\mathbf{r}_1$ is a linear combination of $\mathbf{r}_2$ and $\mathbf{r}_3$. Hence the row rank of BA is 2.

A remarkable theorem says that the row rank and column rank are always equal, and this common value is naturally called the *rank* of the matrix. What is more, you cannot create independence from dependence, by which is meant that the rank of a matrix can never be increased by taking its product with another matrix, or to put it in symbols,

$$\text{rank}(AB) \leq \min(\text{rank}(A), \text{rank}(B)). \tag{31}$$

In particular, since our 3×3 matrix can be factorized as a product of matrices that have rank at most 2 (because the first only has two columns and the second just two rows), it follows that BA must also have rank no more than 2. Indeed, as we have already noted, rank(BA) is 2.

Before closing this section, however, we hasten to point out that matrices do obey other laws of algebra. Importantly, multiplication is associative and is distributive over addition, so that for any three matrices A, B, and C we have that whenever one side of each of the following equations exists, then so does the other and they agree:

$$A(BC) = (AB)C \quad \text{and } A(B + C) = AB + AC.$$

Each of these laws is a consequence of the corresponding law holding over the field of real numbers. The distributive law is easily checked, but associativity of multiplication is less obvious. Careful calculation of the entry in a typical position in each product reveals, however, that the product ABC is independent of how you bracket it, and this is ultimately a consequence of associativity of ordinary multiplication.

Networks

One of the most direct and fruitful lines of application of matrices and their multiplication is to the representation of networks. For

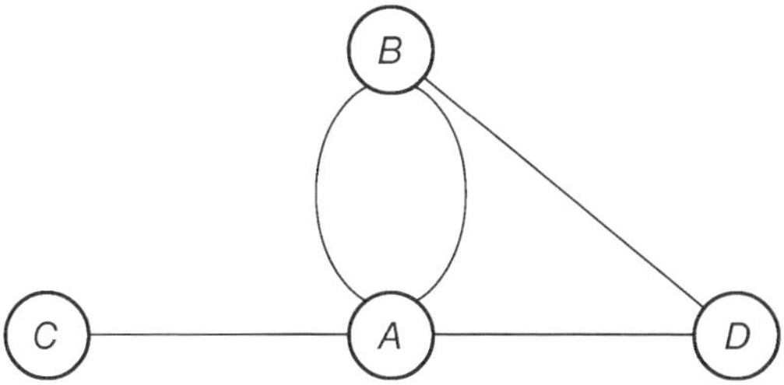

13. Network of cities and airline routes.

example, consider the network in Figure 13, where the four nodes represent cities A, B, C, D and we have drawn an edge joining two nodes if an airline flies on that route. Note that two airlines fly between cities A and B, each represented by an edge in the network.

It is possible to distil all the information of a network N into what is called the *incidence matrix*, M, of N. We simply number the nodes in some way; here we follow alphabetical order, and write down what is in this case a 4×4 matrix where the entry at position (i, j) is the number of edges connecting node i to node j. Look at what happens when we write down M and calculate its square:

$$M^2 = \begin{bmatrix} 0 & 2 & 1 & 1 \\ 2 & 0 & 0 & 1 \\ 1 & 0 & 0 & 0 \\ 1 & 1 & 0 & 0 \end{bmatrix} \begin{bmatrix} 0 & 2 & 1 & 1 \\ 2 & 0 & 0 & 1 \\ 1 & 0 & 0 & 0 \\ 1 & 1 & 0 & 0 \end{bmatrix} = \begin{bmatrix} 6 & 1 & 0 & 2 \\ 1 & 5 & 2 & 2 \\ 0 & 2 & 1 & 1 \\ 2 & 2 & 1 & 2 \end{bmatrix}.$$

The entries of the matrix product, M^2, tell you how many ways there are of travelling from one city to another via a third. For example, there are two ways of getting from D to B (via A). There are five return trips to B (one through D, but there are $2 \times 2 = 4$ via A as you have two choices of airline for each leg of the journey). In much the same way M^3, M^4, and, generally, M^n, are matrices whose entry at position (i, j) tells you the number of paths of length n from i to j. Since we are assuming that our edges allow passage equally in both directions, incidence matrices like M and its powers are *symmetric*, meaning that the entries at (i, j) and (j, i) always agree. But why does matrix multiplication automatically keep track of all this?

Ask yourself how we would count the total number of ways of going from a node i to a node j in a network via any choice of a third node k. For any particular choice of the intermediate node k, we would count all the edges between i and k (which might be zero) and multiply that number by the number of edges from k to our target node, j. This tells you how many paths of length 2 there are from i to j via k. We would then sum these numbers over all possible values of k to find the total number of paths of length 2 from i to j. However, that is exactly the sum that you work out to calculate the entry at (i, j) in the matrix product M^2 when you form the product of row i with column j.

Incidence matrices of various types are used to capture information about networks, and algebraic features of these matrices then correspond to and allow calculation of special features of the network. Indeed, network theory is one of the major applications of *linear algebra*, which is the branch of the subject that is largely represented by matrices and matrix calculations.

For example, we next explain the *Kirchhoff matrix* K of a network N. First, we define the *degree* of a node A in a network N to be the number of edges attached to A. In our network of Figure 13, for example, A has degree 4. In fact, the degree of the ith node must equal the sum of the ith row of M (and equally, by symmetry, the sum of the ith column). For a network N with n nodes, let D be the $n \times n$ matrix consisting entirely of zero entries except down the *principal diagonal*, which is the diagonal of the matrix from top left to bottom right, with the diagonal entry at (i, i) being the degree of the ith node. For the network N of our running example, we may write $D = \text{diag}(4, 3, 1, 2)$, where the notation is self-explanatory. Quite generally, we call a square matrix D a *diagonal matrix* if its non-zero entries lie exclusively on the principal diagonal. We now define the Kirchhoff matrix K of N to be $D - M$. In our example, this gives

$$K = D - M = \begin{bmatrix} 4 & 0 & 0 & 0 \\ 0 & 3 & 0 & 0 \\ 0 & 0 & 1 & 0 \\ 0 & 0 & 0 & 2 \end{bmatrix} - \begin{bmatrix} 0 & 2 & 1 & 1 \\ 2 & 0 & 0 & 1 \\ 1 & 0 & 0 & 0 \\ 1 & 1 & 0 & 0 \end{bmatrix}$$

$$= \begin{bmatrix} 4 & -2 & -1 & -1 \\ -2 & 3 & 0 & -1 \\ -1 & 0 & 1 & 0 \\ -1 & -1 & 0 & 2 \end{bmatrix}.$$

Note that in any Kirchhoff matrix, the sum of the entries in each row, and by symmetry in each column, is 0.

Through using K it is possible to compute the number of so-called *spanning trees* in the network N. A *tree* is a network that contains no cycles but in which there is a path between any two nodes: equivalently, a tree is a network in which there is a *unique* path between any two nodes. A *spanning tree* of a network is a tree within the network that contains all of the nodes. For example, the path C–A–D–B represents one spanning tree in N, and the reader should be able to find four others. The matrix K allows you to count the number of spanning trees in N without having to write down all the trees explicitly. To explain how K does this requires the notion of the *determinant* of a matrix, which is the subject of Chapter 9, where we will revisit this problem.

Geometric applications

Another application of matrices is to the geometry of transformations. We may use any given 2×2 matrix A as a means to create a mapping of points $P(x, y)$ in the Cartesian plane by writing the coordinates of P as a column vector, known in this context as a *position vector*, and multiplying that vector on the left by A to give a new point. For example,

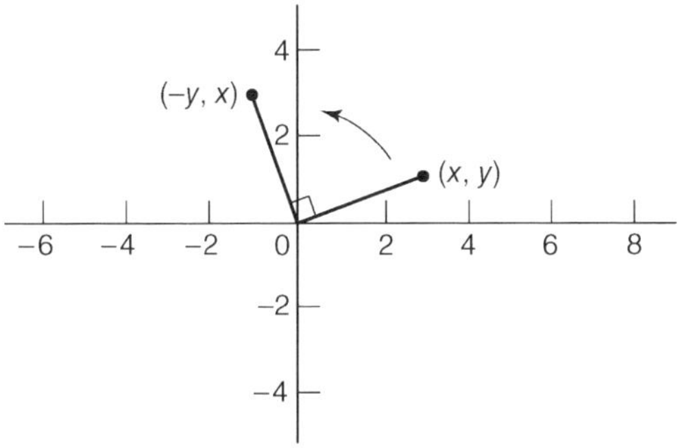

14. Geometric action of a matrix transformation.

$$\begin{bmatrix} 0 & -1 \\ 1 & 0 \end{bmatrix}\begin{bmatrix} x \\ y \end{bmatrix} = \begin{bmatrix} -y \\ x \end{bmatrix}.$$

In this instance, the matrix rotates each point (x, y) through 90° anticlockwise about the origin to the point $(-y, x)$ (Figure 14).

The *transformations* of the plane, also known as *mappings*, which we can create in this way have very special properties that are a consequence of the algebraic laws that matrices obey.

We first describe these transformations in general without reference to matrices. For convenience, we write the column vector $\begin{bmatrix} x \\ y \end{bmatrix}$ as **x** and, in general, typical column vectors will be denoted by bold letters. A transformation L of the points of the plane is called *linear* if for any two (column) vectors **x** and **y** and for each scalar (i.e. real number) r, the following two rules hold: $L(\mathbf{x}+\mathbf{y}) = L(\mathbf{x}) + L(\mathbf{y})$ and $L(r\mathbf{x}) = rL(\mathbf{x})$. Indeed, these rules can be combined into one single rule, that being that for any two vectors **x** and **y** and any two scalars r and s,

$$L(r\mathbf{x}+s\mathbf{y}) = rL(\mathbf{x}) + sL(\mathbf{y}). \quad (32)$$

If we let L stand for a 2×2 matrix, these rules are satisfied, so that multiplication by such a matrix furnishes a source of linear transformations. More surprisingly, the converse is true: any linear transformation can be realized as multiplication by a suitable matrix, for we proceed as follows. The action of a linear transformation is determined by its action on the two *basis* vectors

$$\mathbf{b}_1 = \begin{bmatrix} 1 \\ 0 \end{bmatrix} \text{ and } \mathbf{b}_2 = \begin{bmatrix} 0 \\ 1 \end{bmatrix},$$

for let us suppose that

$$L\begin{bmatrix} 1 \\ 0 \end{bmatrix} = \begin{bmatrix} a \\ b \end{bmatrix} \text{ and } L\begin{bmatrix} 0 \\ 1 \end{bmatrix} = \begin{bmatrix} c \\ d \end{bmatrix}.$$

Then, since L is linear, we obtain the following through using (32), with x and y now denoting the multiplying scalars:

$$L\begin{bmatrix} x \\ y \end{bmatrix} = L\left(x\begin{bmatrix} 1 \\ 0 \end{bmatrix} + y\begin{bmatrix} 0 \\ 1 \end{bmatrix}\right) = xL\begin{bmatrix} 1 \\ 0 \end{bmatrix} + yL\begin{bmatrix} 0 \\ 1 \end{bmatrix} = x\begin{bmatrix} a \\ b \end{bmatrix} + y\begin{bmatrix} c \\ d \end{bmatrix}$$

$$= \begin{bmatrix} ax \\ bx \end{bmatrix} + \begin{bmatrix} cy \\ dy \end{bmatrix} = \begin{bmatrix} ax + cy \\ bx + dy \end{bmatrix} = \begin{bmatrix} a & c \\ b & d \end{bmatrix}\begin{bmatrix} x \\ y \end{bmatrix}.$$

Hence *any* linear transformation of the plane can be realized by multiplication by a matrix A, the columns of which are the images of the two basis vectors $\mathbf{b}_1$ and $\mathbf{b}_2$ under L, written in that order.

What is interesting is that if we *compose* linear mappings, which is to say act with two or more in succession, the outcome is again a linear mapping. This can be verified by working with the abstract definition (32), or we can see it by noting that the composition of two (or more) linear mappings can be realized by multiplying by each of the matrices A and B which represent each linear transformation, one after the other. The bonus here is that, by associativity of matrix multiplication, this composition can be realized by taking the product of the matrices, as $B(A\mathbf{x}) = (BA)\mathbf{x}$. The upshot of this is that, no matter how many linear transformations we act with, we can find a *single* matrix that has the effect of acting with each of these transformations in turn, in the order that we specify, by taking the corresponding product of matrices.

Two ways in which linear transformations come about are by rotations of the plane about the origin through a fixed angle, and by reflection in a line through the origin. For example, let us find the matrix that has the effect of the following three actions. For each point $P(x, y)$ in the plane, reflect P in the line $y = -x$, then rotate the resulting point through 90° clockwise about the origin, and finally reflect that point in the x-axis. To find the single matrix that does all this, we need to take the product of the matrices for each of these three transformations, with the first of them on the right and the final one on the left. The three matrices and their product are

$$\begin{bmatrix} 1 & 0 \\ 0 & -1 \end{bmatrix}\begin{bmatrix} 0 & 1 \\ -1 & 0 \end{bmatrix}\begin{bmatrix} 0 & -1 \\ -1 & 0 \end{bmatrix} = \begin{bmatrix} 0 & 1 \\ 1 & 0 \end{bmatrix}\begin{bmatrix} 0 & -1 \\ -1 & 0 \end{bmatrix} = \begin{bmatrix} -1 & 0 \\ 0 & -1 \end{bmatrix}$$

$$= -\begin{bmatrix} 1 & 0 \\ 0 & 1 \end{bmatrix},$$

where we have performed the matrix multiplications from left to right. This matrix has the effect that

$$\begin{bmatrix} x \\ y \end{bmatrix} \mapsto \begin{bmatrix} -x \\ -y \end{bmatrix},$$

which represents a half turn (180°) about the origin and so that is the net effect of the three transformations. (The symbol $\mapsto$ is read as 'maps to'.)

An important insight stems from how the general linear transformation represented by the matrix

$$A = \begin{bmatrix} a & b \\ c & d \end{bmatrix}$$

acts on the unit square with corners at the origin, $O = (0, 0)$, and the points $(1, 0)$, $(0, 1)$, and $(1, 1)$. The origin remains fixed while the other three vertices are sent to (a, c), (b, d), and $(a + b, c + d)$, respectively (Figure 15).

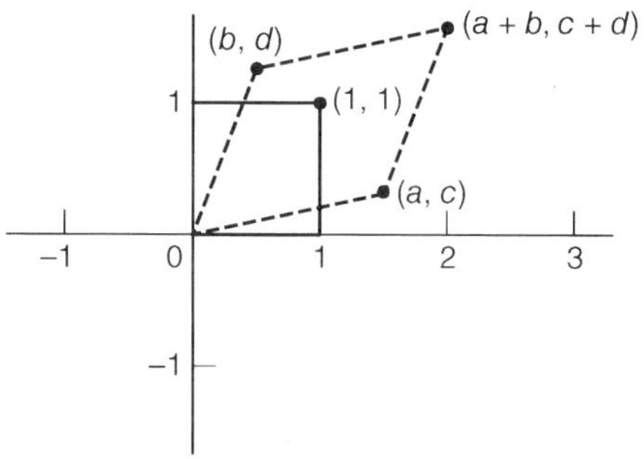

15. Matrix acting on the unit square.

The unit square is then mapped to this parallelogram, the area of which can be shown to equal $|ad - bc|$. The quantity $\Delta = ad - bc$ is known as the *determinant* of A and it tells us by how much the area of any figure in the plane is magnified (or contracted) when acted on by A. If $\Delta < 0$ then A also reverses the orientation of the figure, in that if a triangle has vertices P, Q, and R, in that order when traced in the anticlockwise direction, then the image triangle will have the respective vertices P', Q', and R' oriented clockwise: it will not be possible to place the original triangle onto its image without breaking out of the plane and flipping it over.

For example, consider our matrices

$$R = \begin{bmatrix} 0 & -1 \\ 1 & 0 \end{bmatrix}, \quad S = \begin{bmatrix} 1 & 0 \\ 0 & -1 \end{bmatrix},$$

so that R rotates each point through 90° anticlockwise about the origin while S reflects each point in the x-axis. The matrix R does not alter either the area or the orientation of a figure, and so its determinant is $\det(R) = (0 \times 0) - ((-1) \times 1) = 0 + 1 = 1$. On the other hand, although S does not change areas either, S does swap orientation and this is manifested in the value of its determinant: $\det(S) = 1 \times (-1) - 0 \times 0 = -1$.

The special case where $\Delta = 0$ is when $ad = bc$, which occurs if $a/c = b/d$. In this case the two position vectors from the origin that make up the columns of the matrix both point along the same line through the origin with a common gradient, c/a, and the image parallelogram degenerates to a line segment. The image of any shape is then collapsed along this line and so the area of that image is 0. It remains the case, however, that the absolute value of the determinant of A, $|\Delta|$, is the multiplier of area under the transformation defined by A.

This meeting of the algebraic and geometric worlds is important and we can already see an interesting theorem on offer. If we act with two linear transformations in turn, represented by matrices A and then B, then areas will be multiplied by the multiplier of A followed by that of B, which of course must be the multiplier of the product matrix BA. Moreover, the sign of $\det(BA)$ will be the product of the signs of $\det(A)$ and $\det(B)$, as BA will preserve orientation if both mappings preserve or both reverse orientation but not otherwise. The upshot of this is that the determinant of a product of two square matrices equals the product of their determinants, and since $\det(A)\det(B) = \det(B)\det(A)$ we may write

$$\det(AB) = \det(A)\det(B) = \det(BA).$$

From an algebraic viewpoint, this may seem surprising. It is true nonetheless, extends to higher dimensions, and can be explained in algebraic terms. It is the geometric interpretation, however, that renders the result transparent and, we might even say, 'obvious'.

Chapter 8
Matrices and groups

Inverses and groups

Curiosity demands that we persevere with our example of geometric matrix products to see what happens when we compose the mappings involved. Specifically, let R now denote the transformation that rotates each point about the origin through one quarter turn (90°) anticlockwise, and let S denote reflection in the x-axis. Using our matrix representation, we then have

$$R = \begin{bmatrix} 0 & -1 \\ 1 & 0 \end{bmatrix}, \quad S = \begin{bmatrix} 1 & 0 \\ 0 & -1 \end{bmatrix}.$$

We look to find the transformations that can be *generated* by R and S, meaning the mappings that we can produce by composing R and S with each other, in any order, and any number of times.

First it is clear that, since S is a reflection, if we act with S and act with S again (we write this as S^2), the net effect is to return every point to its original position. In terms of matrices, we have

$$S^2 = \begin{bmatrix} 1 & 0 \\ 0 & -1 \end{bmatrix}\begin{bmatrix} 1 & 0 \\ 0 & -1 \end{bmatrix} = \begin{bmatrix} 1 & 0 \\ 0 & 1 \end{bmatrix},$$

and this latter matrix is called the *identity matrix*, denoted by I. The effect of multiplying I by any column vector is to return the same column vector, and so we say that I represents the *identity transformation* that leaves every point fixed. More generally, we speak of the $n \times n$ matrix $I = I_n$, which is the diagonal matrix with a principal diagonal that consists entirely of 1's. For any matrix A of a size that allows matrix multiplication, we always have $AI = A = IA$, so that I behaves with respect to matrix multiplication like the multiplicative identity 1 does with respect to ordinary multiplication.

In symbols, we have that $S^2 = I$ and we say that S is its own *inverse* matrix. In general, for a square matrix A, we say that another square matrix B is the *inverse* of A if $AB = BA = I$ and we write $B = A^{-1}$ for, it exists, the inverse of A is certainly unique. To see this, suppose that we had two inverses, B and C, of A, so that $BA = CA = I$. By multiplying this equation on the right by B we then get

$$B(AB) = C(AB) \Rightarrow BI = CI \quad \text{and so } B = C.$$

It follows from the symmetry of the definition that A is equally the inverse of B, and so $A = B^{-1}$ also.

However, not every square matrix has an inverse: for example, a square *zero matrix* Z, which is a matrix where all entries are 0, cannot have an inverse, as for any matrix A of the same size we have $ZA = AZ = Z$: Z is the matrix analogue of the number 0. However, there are also other *singular* matrices, which mean matrices without inverses, and we shall have more to say about this.

We can see directly, however, that our matrix R does have an inverse. We only need ask ourselves, how can we undo the effect of acting with R? Since R represents an anticlockwise quarter turn, we just need the matrix that turns the plane through a quarter turn in the clockwise direction. We can also achieve this by turning through three quarters of a full turn in the anticlockwise direction. The reason to draw attention to this alternative is that this latter transformation will come from acting with R three times or, in terms of our new notation, $R^{-1} = R^3$:

$$R^{-1} = R^3 = \begin{bmatrix} 0 & 1 \\ -1 & 0 \end{bmatrix}.$$

We have thus discovered that while there are just two distinct powers of S, there are four for our rotation R, giving us a group of transformations (for it will transpire that it is a group), that being $H = \{I, R, R^2, R^3\}$.

Recall from Chapter 6 that a *group* is a set, together with an associative binary operation, which possesses an identity element with respect to which each member of the group has an inverse. In the case of H, the operation is composition of transformations or, equivalently, multiplication of the corresponding matrices. Matrix multiplication is indeed associative, the identity element I is represented by the identity matrix, and, crucially, each member A of the set possesses an inverse, A^{-1}, as we shall now check.

In the case of H, I is self-inverse (which is always the case), as is R^2 for we have $R^2 \cdot R^2 = R^4 = I$, and we have already noted that $R \cdot R^3 = I$, showing that R and R^3 are mutual inverses. Therefore H is an example of a group. However, H is simply a 4-cycle meaning that H just consists of four powers of R, with $R^5 = R$, $R^6 = R^2$, and so on, and therefore H is a copy of $\mathbb{Z}_4$, the group of integers modulo 4. Nonetheless, H is a part of (we say H is a *subgroup* of) a larger eight-element group, D. The other four members of D can be generated by taking the product of each member of H with S, which gives $\{S, RS, R^2S, R^3S\}$. By calculating the matrices representing each of these four mappings or by considering their geometric actions, we can see that each of these products represents a reflection in a line through the origin. Specifically, S, RS, R^2S, R^3S correspond to reflections in the lines $y = 0$, $y = x$, $x = 0$, and $y = -x$ respectively, these four reflections being self-inverse mappings. (Rotating each of these lines by 45° anticlockwise takes you from one to the next.)

Table 1. Multiplication of the group of symmetries generated by R and S.

	I	R	R^2	R^3	S	RS	R^2S	R^3S
I	I	R	R^2	R^3	S	RS	R^2S	R^3S
R	R	R^2	R^3	I	RS	R^2S	R^3S	S
R^2	R^2	R^3	I	R	R^2S	R^3S	S	RS
R^3	R^3	I	R	R^2	R^3S	S	RS	R^2S
S	S	R^3S	R^2S	RS	I	R^3	R^2	R
RS	RS	S	R^3S	R^2S	R	I	R^3	R^2
R^2S	R^2S	RS	S	R^3S	R^2	R	I	R^3
R^3S	R^3S	R^2S	RS	S	R^3	R^2	R	I

However, no more than these eight mappings may be obtained, so it follows that D forms a group of transformations, with each of the four reflections being self-inverse. The table of the group operation is displayed in Table 1, where the entry at position (i, j) in the body of the table is the product $\alpha\beta$ of the matrix α in row i times the matrix β in column j.

Any product of any length is equal to one of these eight mappings. Indeed any product, however long, can be simplified to one of the eight given forms by using just the rules $R^4 = S^2 = I$ and $SR = R^3S$. Group theorists would say that the group D is *presented by the generators* R and S, subject to these three *relations*. For example, making free use of these equations, we get

$$SR^2S = (SR)RS = (R^3S)RS = R^3(SR)S = R^3(R^3S)S$$
$$= (R^4)R^2(S^2) = R^2.$$

A key observation about D, known as the *dihedral group*, is that its operation is *not* commutative: $SR = R^3S \neq RS$. A more general observation that applies to every group is that its table of products displays the *Latin square property*, meaning that every row and every column features each member of the group exactly once. These facts help us complete the table.

The cyclic group H has been seen before in another guise, for the powers of the imaginary unit i are four in number, i.e. $G = \{1, i, -1, -i\}$, and correspond to the list $H = \{1, R, R^2, R^3 = R^{-1}\}$ in that order: we say that the two groups G and H are *isomorphic* and that the correspondence $1 \mapsto 1,\ R \mapsto i,\ R^2 \mapsto -1,\ R^{-1} \mapsto -i$ is an *isomorphism between G and H*, meaning that their tables of products are identical under this renaming of elements.

The purpose of the word 'isomorphism' is to convey the fact that although the two groups are different, the first being a collection of complex numbers under multiplication while the second is a group of rotations under the operation of composition, the two groups are essentially the same as regards their algebraic structure. This is not a mere coincidence, as multiplication by the imaginary unit i acts to rotate each number in the complex plane through a quarter of a turn about the origin. To see this we need only note that for any complex number $z = x + iy$, we have $iz = xi + i^2y = -y + ix$: in terms of points in the Argand plane, $(x, y) \mapsto (-y, x)$, and the latter is the point we arrive at by turning (x, y) through 90° anticlockwise about the origin. This link lets us identify multiplication by i with a turn of one right angle in the plane, thereby reaffirming the fundamental nature of the imaginary unit.

Matrix inverses

If a collection of matrices represent the elements of a group, such as the eight matrices that represent the dihedral group D, then each of these matrices A will have an inverse A^{-1}, such that $AA^{-1} = A^{-1}A = I$, the identity matrix. This prompts the twin questions of when the inverse of a square matrix A exists and, if it does, how to find it. First we make a few simple observations about inverses in general.

A very useful rule is that the inverse of a product of two square matrices is the product of the inverses in inverse order, which is to say that $(AB)^{-1} = B^{-1}A^{-1}$, as is verified at once from the definition:

$$(AB)(B^{-1}A^{-1}) = A(BB^{-1})A^{-1} = AIA^{-1} = AA^{-1} = I. \qquad (33)$$

It is worth noting that the manipulations represented by (33) hold in any group: the inverse of a product is the product of the inverses with the order reversed. It is important to respect this reversal of order, as for matrix multiplication, and for group products in general, order matters.

There is an important but simple operation akin to taking the inverse that applies to any matrix A, which is that of taking its *transpose*, A^T: the rows of A^T written from left to right are the columns of A written from top to bottom. (It is sometimes convenient to write a column vector using the transpose symbol, for example $(2, -1, 4)^T$). As an example,

$$A = \begin{bmatrix} 2 & -1 \\ 7 & 4 \\ 0 & 3 \end{bmatrix} \Leftrightarrow A^T = \begin{bmatrix} 2 & 7 & 0 \\ -1 & 4 & 3 \end{bmatrix}. \qquad (34)$$

We are entitled to use the double arrow '$\Leftrightarrow$' in (34) as, just like for a square matrix A it is the case that $(A^{-1})^{-1} = A$, it is true quite generally that $(A^T)^T = A$. What is a little less obvious is that the taking of the transpose also obeys the rule $(AB)^T = B^TA^T$. As we have mentioned previously in connection with incidence matrices of networks, a matrix that equals its own transpose is called *symmetric*: a symmetric matrix is necessarily square and is one that satisfies $a_{ij} = a_{ji}$ throughout.

Suppose now that we have n equations in n unknowns, $x_1, x_2, \ldots, x_n$. We may represent this system by a single matrix equation, $A\mathbf{x} = \mathbf{b}$, where $\mathbf{x}$ represents the column of unknowns, $\mathbf{b}$ represents the RHS of the equation set, and A is the $n \times n$ coefficient matrix. If we already possessed the inverse, A^{-1}, we could solve this system immediately by multiplying both sides of the equation on the left by A^{-1}, for that gives $A^{-1}A\mathbf{x} = A^{-1}\mathbf{b} \Rightarrow \mathbf{x} = A^{-1}\mathbf{b}$. On the other hand, we have the elimination technique to solve such a system, which suggests that we might seek to use that to find how to invert our matrix A.

The operations deployed in the elimination method used to solve a set of simultaneous linear equations affect the coefficient matrix in one of three ways:

1. Multiply a row by a non-zero constant a.
2. Interchange two rows.
3. Add a multiple a of one row to another.

Each of these *row operations*, as they are called, can be effected by multiplying on the left by a suitable matrix. The following examples illustrate this:

$$B = \begin{bmatrix} 1 & 0 \\ 0 & a \end{bmatrix}, \quad C = \begin{bmatrix} 0 & 1 \\ 1 & 0 \end{bmatrix}, \quad D = \begin{bmatrix} 1 & a \\ 0 & 1 \end{bmatrix}. \tag{35}$$

For any 2×2 matrix A, the product BA outputs A with its second row multiplied by a, CA is the same as A but with the rows interchanged, and multiplying A on the left by D adds a times the second row of A to the first row of A. Specifically, for this last example,

$$\begin{bmatrix} 1 & a \\ 0 & 1 \end{bmatrix}\begin{bmatrix} u & v \\ r & s \end{bmatrix} = \begin{bmatrix} u + ar & v + as \\ r & s \end{bmatrix} = \begin{bmatrix} u & v \\ r & s \end{bmatrix} + a\begin{bmatrix} r & s \\ 0 & 0 \end{bmatrix}.$$

In general, we get the row matrix that effects a particular row operation by applying that row operation to the identity matrix I. Although there is no need to introduce these *elementary row matrices* in any practical calculation, there is an important consequence to their being there. Suppose that we reduce A to I by a sequence of row operations that have row matrices $M_1, M_2, \ldots, M_{m-1}, M_m$, say, so that we have $(M_m M_{m-1} \ldots M_2 M_1)A = I$. It follows that the product of the matrices preceding A must equal A^{-1}. We can, however, find A^{-1} from this analysis without writing down the matrices M_i explicitly. The scheme is often expressed in the following fashion:

$$[A|I] \to [I|A^{-1}],$$

where the arrow represents row reduction of operations applied to A to reduce it to I. The $n \times 2n$ matrix on the left is known as the *augmented matrix* of A. Since the row operations used are executed on both the left-hand portion, A, and the right-hand portion, I, of the augmented matrix, the net effect on I will be to multiply it too by A^{-1}, so that the right half of the augmented matrix is indeed transformed into $A^{-1}I = A^{-1}$, as the scheme suggests.

To illustrate this method, we find the inverse of the 3×3 matrix forming the left-hand portion of the augmented matrix below, so that $[A|I]$ in this case is given by

$$\left[\begin{array}{ccc|ccc} 1 & 1 & 1 & 1 & 0 & 0 \\ 3 & 4 & 5 & 0 & 1 & 0 \\ 3 & 6 & 10 & 0 & 0 & 1 \end{array}\right].$$

We begin by *pivoting* on the top left-hand corner, meaning that we clear all other entries in the first column by means of the row operations $R_2 \mapsto R_2 - 3R_1$ (meaning that row 2 is replaced by row 2 minus 3 row 1) and $R_3 \mapsto R_3 - 3R_1$ to give

$$\left[\begin{array}{ccc|ccc} 1 & 1 & 1 & 1 & 0 & 0 \\ 0 & 1 & 2 & -3 & 1 & 0 \\ 0 & 3 & 7 & -3 & 0 & 1 \end{array}\right] \to \left[\begin{array}{ccc|ccc} 1 & 0 & -1 & 4 & -1 & 0 \\ 0 & 1 & 2 & -3 & 1 & 0 \\ 0 & 0 & 1 & 6 & -3 & 1 \end{array}\right],$$

where we pass to the second matrix by pivoting on the second diagonal entry via the operations $R_1 \mapsto R_1 - R_2$ and

$R_3 \mapsto R_3 - 3R_2$. Note that this does not alter any entry in the first column, as only the pivotal entry of the first column is not zero—in this way, the process moves forward and we do not resurrect non-zero entries where they are unwanted. Finally, we clear above the third diagonal pivot to reduce the left-hand portion of the matrix to I_3 using the operations $R_1 \mapsto R_1 + R_3$ and $R_2 \mapsto R_2 - 2R_3$, to obtain

$$\left[\begin{array}{ccc|ccc} 1 & 0 & 0 & 10 & -4 & 1 \\ 0 & 1 & 0 & -15 & 7 & -2 \\ 0 & 0 & 1 & 6 & -3 & 1 \end{array}\right] \Rightarrow A^{-1} = \begin{bmatrix} 10 & -4 & 1 \\ -15 & 7 & -2 \\ 6 & -3 & 1 \end{bmatrix}.$$

It may be readily checked that $AA^{-1} = I$, and readers are now in a position to practise some examples of their own, but be warned: the previous example is especially nice—it is rare for a matrix and its inverse to consist entirely of integers. During your calculation, you may sometimes avoid fractions by pivoting on diagonal entries that are not 1, but, of course, if the answer has fractions in it they are bound to make their appearance sooner or later. An *integer matrix* (one with all integer entries) has an integer matrix inverse if and only if its *determinant* is ± 1: we shall justify this claim in Chapter 9. However, necessary and sufficient conditions for a square matrix A to possess an inverse may be given just in terms of the notion of rank, which we introduced in Chapter 7, and we can now outline how this comes about.

A square matrix A is invertible if and only if A is of full rank. If A is not of full rank, we can use the dependency within the rows to reduce A by row operations to a matrix C with a row of zeros, and such a matrix must be singular, as that row of zeros will persist in any product of the form CB and so cannot give the identity matrix. Since each row operation is invertible, it can be inferred that A too has no inverse and so only matrices of full rank are invertible.

Conversely, any square matrix A of full rank can be inverted. This is because in that case the reduction process that takes $[A|I]$ to $[I|A^{-1}]$ will never get stuck—the fact that A is of full rank ensures that a zero that arises in a pivot position can be exchanged for a non-zero entry and the process will continue, eventually yielding the inverse of A in the reduced augmented matrix $[I|A^{-1}]$. Therefore, provided that A is of full rank, its inverse exists and may be found in this way. In the next chapter we shall see that another characterization of invertibility is possible in terms of a single number associated with the matrix, its determinant.

Chapter 9
Determinants and matrices

Determinants

To further address the general question of matrix invertibility, we begin with an analysis of the case of a 2×2 matrix A. Supposing that A may be inverted, it follows that A has no column of zeros, so that, by swapping the first and second rows if necessary, we may assume that the entry a in the top left-hand corner is not 0, in which case we can clear below it and begin the process of creating the inverse by the operation $R_2 \mapsto R_2 - (c/a)R_1$:

$$\begin{bmatrix} a & b & 1 & 0 \\ c & d & 0 & 1 \end{bmatrix} \to \begin{bmatrix} a & b & 1 & 0 \\ 0 & d - cb/a & -c/a & 1 \end{bmatrix} = \begin{bmatrix} a & b & 1 & 0 \\ 0 & (ad - bc)/a & -c/a & 1 \end{bmatrix}.$$

To proceed further, we will seek to clear the entry b at position (1, 2) down to 0 by a suitable subtraction of the second row from the first, and this will involve the reciprocal of the entry now at position (2, 2) of our matrix. In particular, we will need to divide by the quantity $\Delta = ad - bc$, which we recognize as the *determinant* of A that we met in Chapter 7. Clearly, we therefore require that $\Delta \neq 0$ to proceed to this stage, for otherwise the matrix we are trying to invert will have a zero second row. It is worth noting that the condition $\Delta \neq 0$ includes the one we have already noted, that at least one of a and c is non-zero, for otherwise $ad - bc = 0 - 0 = 0$.

Assuming that the determinant is not 0, we may get the diagonal entries reduced to 1 via the operations $R_1 \mapsto (1/a)R_1$ and $R_2 \mapsto (a/\Delta)R_2$; finally, we render the left portion of the augmented matrix as I_2 by the operation $R_1 \mapsto R_1 - (b/a)R_2$ to yield

$$\begin{bmatrix} 1 & b/a & 1/a & 0 \\ 0 & 1 & -c/\Delta & a/\Delta \end{bmatrix} \to \begin{bmatrix} 1 & 0 & 1/a + bc/a\Delta & -b/\Delta \\ 0 & 1 & -c/\Delta & a/\Delta \end{bmatrix}.$$

However, the term at position (1, 3) simplifies to

$$\frac{\Delta + bc}{a\Delta} = \frac{ad - bc + bc}{a\Delta} = \frac{ad}{a\Delta} = \frac{d}{\Delta}$$

and so, provided that $\Delta \neq 0$, we may take the common denominator Δ outside the matrix to reveal the inverse of A:

$$A^{-1} = \frac{1}{\Delta}\begin{bmatrix} d & -b \\ -c & a \end{bmatrix}.$$

And this is representative of the general situation: the augmented matrix method will yield the inverse, A^{-1}, of a square matrix A unless the determinant of A, often written as $\Delta = |A|$, is equal to 0, in which case no inverse exists. However, we have not yet explained what this number Δ is in the case of a general square matrix, and before we do we explore a little further.

In three dimensions, the absolute value of the determinant, $\det(A)$, of a linear transformation represented by a matrix A is the multiplier of volume. The columns of A are the images of the position vectors of the sides of the unit cube, $\mathbf{b}_1 = (1, 0, 0)^T$, $\mathbf{b}_2 = (0, 1, 0)^T$, $\mathbf{b}_3 = (0, 0, 1)^T$, and they define a three-dimensional version of a parallelogram, a *parallelepiped*, the volume of which is $|\det(A)|$, with the orientation of the figure being reversed if $\Delta < 0$.

But how do we define the determinant of a 3×3 matrix? First we shall explain how it is calculated and then return to the question as to just how it is defined. The value of $\det(A)$ is found in a certain prescribed fashion based on any row or any column of the array. Choosing to work from the first row of the matrix, we multiply each entry by the 2×2 determinant of the four entries that remain when we cross out the row and column of that entry, and then sum these three numbers with alternating signs. (The sign associated with each position is as indicated in the alternating pattern in (36).) For example, using the alternative notation $|A|$ for $\det(A)$, we have

$$|A| = \begin{vmatrix} 1 & 2 & 3 \\ -1 & 0 & 2 \\ 2 & 1 & 2 \end{vmatrix}; \quad \begin{vmatrix} + & - & + \\ - & + & - \\ + & - & + \end{vmatrix} \tag{36}$$

$$= 1\begin{vmatrix} 0 & 2 \\ 1 & 2 \end{vmatrix} - 2\begin{vmatrix} -1 & 2 \\ 2 & 2 \end{vmatrix} + 3\begin{vmatrix} -1 & 0 \\ 2 & 1 \end{vmatrix}$$

$$= 1(0-2) - 2(-2-4) + 3(-1-0) = -2 + 12 - 3 = 7.$$

To emphasize the point that we may use any row or column, we calculate this determinant again, this time using the second-column expansion:

$$-2\begin{vmatrix} -1 & 2 \\ 2 & 2 \end{vmatrix} + 0\begin{vmatrix} 1 & 3 \\ 2 & 2 \end{vmatrix} - \begin{vmatrix} 1 & 3 \\ -1 & 2 \end{vmatrix}$$

$$= -2(-2-4) + 0 - (2-(-3)) = 12 + 0 - 5 = 7.$$

What is more, the pattern of definition extends to 4×4 and, in general, $n \times n$ matrices A in that $|A|$ may be calculated using any row or column and taking the sum of each signed entry multiplied by the determinant of the *minor* $(n-1) \times (n-1)$ matrix that results from deleting the row and column of the entry.

The reader may like to try their hand on the 3×3 matrix (29) in Chapter 7. However, since that matrix is not of full rank, we know in advance that its determinant must be 0. A similar remark applies to the 4×4 Kirchhoff matrix K, also featured below. Since the sum of the rows of any Kirchhoff matrix is the zero vector, such a matrix K is not of full rank and therefore has a determinant of 0.

The reason why a determinant computation is independent of the line in the matrix on which the calculation is based looks very mysterious and so stands in need of some explanation. In each case the result of the computation turns out to be the following particular sum. The determinant Δ of an $n \times n$ matrix $A = (a_{ij})$ is a certain sum of signed products of the elements of A. The products concerned are all of length n and are formed by taking one member from each row and each column: there are $n!$ such products, for in forming them we have n choices from the first row, but only $n - 1$ from the second (as we cannot repeat a column), $n - 2$ from the third row, and so on.

The accompanying sign is determined as follows. Each product defines a permutation, which is to say a reordering, of the numbers 1 to n by which $i \mapsto j$ if a_{ij} is the entry in the product chosen from row i. The associated sign of the product is then + or − according as that permutation can be effected by an even or by an odd number of transpositions, a transposition being a permutation that simply swaps the order of two positions.

For the case of $n = 2$ with entries as above we have $2! = 2$ terms, which are ad and bc. The permutation associated with ad is then $1 \mapsto 1, 2 \mapsto 2$, as a is in position (1, 1) and d in position (2, 2). This is the identity permutation that requires zero transpositions, and so is even, and the sign accompanying the product ad is +. On the other hand, the permutation of the term bc is the transposition that swaps 1 and 2 (as b is at position (1, 2), so that $1 \mapsto 2$, and c is at (2, 1), so that $2 \mapsto 1$). Since the number of transpositions used is odd, the associated sign is −. This gives the expected result that $\Delta = ad - bc$.

For a general 3×3 determinant there are $3! = 6$ possible products, and we obtain

$$\begin{vmatrix} a & b & c \\ d & e & f \\ g & h & i \end{vmatrix} = aei - afh - bdi + bfg + cdh - ceg;$$

for instance, the permutation associated with the term *bdi* is $1 \mapsto 2$, $2 \mapsto 1$, and $3 \mapsto 3$, which corresponds to a single transposition that swaps 1 and 2; this therefore has an odd number of transpositions, so that *bdi* carries a minus sign.

As an application of determinants to networks, we return to the Kirchhoff matrix K of the network N in the example in Chapter 7:

$$K = \begin{bmatrix} 4 & -2 & -1 & -1 \\ -2 & 3 & 0 & -1 \\ -1 & 0 & 1 & 0 \\ -1 & -1 & 0 & 2 \end{bmatrix}.$$

A Kirchhoff matrix has the special property that, up to sign, the determinant of each *cofactor* matrix, which is a submatrix of K that comes from deleting any row and any column, always has the same value. What is more, that number tells you exactly how many spanning trees are possessed by the associated network. For example, after deleting the first column and bottom row, we are left to compute:

$$\begin{vmatrix} -2 & -1 & -1 \\ 3 & 0 & -1 \\ 0 & 1 & 0 \end{vmatrix} = -\begin{vmatrix} -2 & -1 \\ 3 & -1 \end{vmatrix} = -((2-(-3)) = -5,$$

where we have computed the 3×3 determinant by expansion of the bottom row (because of the convenience granted by the two 0 entries). The number of spanning trees of our network N is then 5, as mentioned in Chapter 7.

In general, the determinant of all the 3×3 cofactor matrices of K will be ± 5, with the sign associated with each entry being opposite to that of all of its neighbours, in accord with the pattern of signs indicated in (36). Each 3×3 determinant multiplied by the accompanying sign is known as a *cofactor* of the 4×4 matrix. This result extends to square matrices of any size, and Kirchhoff's Theorem is that, for a Kirchhoff matrix, each of the these cofactors is the same and equals the number of spanning trees of the associated network. Of course, if our original network is a tree, then the determinant of each of these cofactors is 1, and in this way we have a source of integer matrices with determinant 1.

Properties of determinants

The calculations involved in finding determinants can be long, but from a mathematical viewpoint the concept is best thought about through its principal properties, which may now be revealed. For example, since row and column expansions yield the same result, it follows that a square matrix A has the same determinant as its transpose, A^T.

The key properties of determinants, however, are intimately connected with the row operations introduced earlier to solve sets of equations. If we multiply a row (or column) by a constant a, then the determinant of the matrix is likewise multiplied by a because of the introduction of this common factor a into each of the terms in the sum. If, on the other hand, we swap two adjacent rows (or columns) of A, this swaps the sign of every term in the determinant sum, and so swaps the sign of $|A|$ overall. Since any two rows may be exchanged by swapping pairs of adjacent rows an odd number of times, it follows that switching any two rows of a square matrix changes the sign of the determinant. Finally, if we add a multiple of one row to another, the determinant remains the same. This is a crucial property and it stems from the more general fact that if we add an arbitrary row vector $\mathbf{r}$ to a row of the matrix A, then the determinant of the new matrix is the sum of $\det(A)$ and the determinant of the matrix with that row of A replaced by $\mathbf{r}$. If, however, $\mathbf{r}$ is some multiple of a row already in the matrix A, this second matrix is not of full rank and so the second determinant is 0, which is why the operation of adding one row (or any multiple of that row) to another leaves the determinant unchanged.

A function of matrices that has the three properties of the previous paragraph is necessarily the determinant function $|A|$ or a multiple of it, such as $2|A|$. If we add the *normalizing* condition that $|I| = 1$, then the determinant is the one and only function that has all four properties.

Mathematicians are very fond of results of this kind because proofs often argue from the properties of the subject in question. If you have a concise list of properties that are not only valid but also capture the essence of the subject of your theorem, you should be able to prove your result using only those properties. This leads to good proofs that demonstrate clearly why the theorem in question holds.

For example, in Chapter 7 we gave an intuitive argument as to why $|AB| = |A| \times |B|$ by appeal to the fact the determinant represents the area multiplier, or in general the volume multiplier, of a linear transformation. The multiplicative property of the determinant can be explained algebraically, however, by three observations.

From rank considerations, both sides of the equation will be 0 if and only if at least one of matrices A or B is singular. Otherwise, we can factorize A as a product of elementary row matrices. However, by using the properties of the determinant that we have just listed, it is quite simple to show that for each elementary row matrix R, it is the case that $|RB| = |R| \times |B|$. The general result now follows from repeated application of this fact.

In consequence, we note that the determinant of the inverse of a matrix A is the inverse of its determinant, for we have

$$1 = |I| = |AA^{-1}| = |A| \times |A^{-1}| \Rightarrow |A^{-1}| = |A|^{-1}. \qquad (37)$$

In Chapter 8 we mentioned that a square integer matrix A has an integer matrix for its inverse if and only if $|A| = \pm 1$. In one direction, this follows from (37), for it is only possible for both $|A|$

and $|A|^{-1}$ to be integers if $|A| = |A|^{-1} = \pm 1$. That the converse is true follows from applying the following compact formula for the solution of a square $n \times n$ equation system $A\mathbf{x} = \mathbf{b}$, that being

$$x_i = \frac{\det(A_i)}{\det(A)},$$

where x_i is the ith unknown in $\mathbf{x}$ and A_i is the matrix that results when the ith column of A is replaced by $\mathbf{b}$.

This rule is named after the French mathematician Gabriel Cramer (1704–52). In particular, taking $\mathbf{b}$ to be each of the columns of the identity matrix in turn, the corresponding solution vectors $\mathbf{x}$ provide a list of the columns of A^{-1}, and in this way we obtain a method for finding inverses through determinants, which also provides some nice theoretical results as well. In particular, since the determinant of a square integer matrix A is clearly an integer, it follows from Cramer's Rule that if $\det(A) = \pm 1$ and A is an integer matrix, then so is its inverse, A^{-1}.

Interestingly, in 2011 Habgood and Arel proved that the number of calculations required to implement Cramer's Rule is of the same order as that for the standard Jordan–Gaussian elimination method. The number of basic arithmetic operations involved in both approaches is of the order n^3. In other words Cramer's Rule is not just a neat formula; instead, despite involving determinants, the rule can be applied fast enough to solve large equation systems.

Eigenvalues and eigenvectors

In Chapter 7 we worked with geometric examples in the plane, but the same ideas apply in higher dimensions. Let us take an example of a linear mapping, L, in three dimensions through using the basis vectors $\mathbf{b}_1 = (1, 0, 0)^T$, $\mathbf{b}_2 = (0, 1, 0)^T$, and $\mathbf{b}_3 = (0, 0, 1)^T$. Our linear mapping L permutes the basis vectors in cyclic order, meaning that $\mathbf{b}_1 \mapsto \mathbf{b}_2$, $\mathbf{b}_2 \mapsto \mathbf{b}_3$ and $\mathbf{b}_3 \mapsto \mathbf{b}_1$, and so has as its matrix

$$A = \begin{bmatrix} 0 & 0 & 1 \\ 1 & 0 & 0 \\ 0 & 1 & 0 \end{bmatrix}.$$

Each of the basis vectors is mapped onto another by rotating about the line $x = y = z$, and since three applications of A map each basis vector back onto itself, that angle of rotation is $360^\circ/3 = 120^\circ$. Moreover, this observation amounts to saying that $A^3 = I$, so that $A^{-1} = A^2$. This can be seen geometrically as well in that A^{-1} will effect a rotation of 120° in the opposite sense, which is the same as a rotation of 240° in the original direction, which is of course the effect of the matrix A^2.

This example serves to introduce the topic of this section, for consider any point on the axis of rotation with position vector $\mathbf{x}$. Since this point will remain fixed under this rotation, without calculation we infer that $A\mathbf{x} = \mathbf{x}$. We can easily check this directly: the vector $\mathbf{x}$ has the form $(a, a, a)^T$ and so the previous equation may be verified at once.

In general, for any square matrix A, we say that a non-zero vector $\mathbf{x}$ is an *eigenvector* of A with *eigenvalue* λ if $A\mathbf{x} = \lambda\mathbf{x}$. In our example, the vector $(1, 1, 1)$ is an eigenvector with eigenvalue 1. (It is easy to see from the definition that any multiple of an eigenvector $\mathbf{x}$ will also satisfy the defining equation, a point worth noting from the beginning.) The notion of eigenvector is fundamental throughout all of linear mathematics, as the behaviour of transformations can often be explained very clearly once these directions and the corresponding eigenvalues are known.

However, not all matrices have eigenvectors, for, by definition, an eigenvector $\mathbf{x}$ has to be mapped by A onto a multiple $\lambda\mathbf{x}$ of itself, which is to say that $\mathbf{x}$ and $A\mathbf{x}$ point in the same or in opposing directions, depending on the sign of the eigenvalue λ. For instance, a rotation *in the plane* about the origin through an angle θ, with

$0 < \theta < 180^\circ$, changes the direction of every vector—no eigenvectors can be found here.

A property of note is that the eigenvalues of A^{-1} are just the inverses of the eigenvalues of A, and A and A^{-1} share the corresponding eigenvectors too, for if $\mathbf{x}$ is an eigenvector of A with eigenvalue $\lambda \neq 0$ then

$$A^{-1}\mathbf{x} = A^{-1}(\lambda^{-1}\lambda\mathbf{x}) = \lambda^{-1}A^{-1}(\lambda\mathbf{x}) = \lambda^{-1}A^{-1}(A\mathbf{x}) = \lambda^{-1}\mathbf{x}.$$

This last equation also alerts us to the fact that there is a relationship between invertibility of a matrix and its eigenvalues, which turns out to be particularly important. Although we exclude the zero vector as an eigenvector (as $A\mathbf{0} = \lambda\mathbf{0} = \mathbf{0}$ for every matrix A and every real number λ, so this tells us nothing in particular about A), we do not prohibit the number 0 from being an eigenvalue. If this were the case, we would have some *non-zero* vector $\mathbf{x}$ such that $A\mathbf{x} = 0\mathbf{x} = \mathbf{0}$. However, if we could multiply both sides of this equation on the left by A^{-1}, we would get $A^{-1}A\mathbf{x} = \mathbf{0}$, which gives the contradiction that $\mathbf{x} = \mathbf{0}$ after all. Hence the only matrices that can have 0 as an eigenvalue are singular matrices.

Is the converse true? Suppose that A is singular. Is it the case that we can find a non-zero vector $\mathbf{x}$ such that $A\mathbf{x} = \mathbf{0}$? (Of course we always have the *trivial* solution $\mathbf{x} = \mathbf{0}$, for any matrix A, but we are after non-trivial ones.)

The answer is 'yes'. Since A is singular, we know that A does not have full rank and so it will be possible to produce an equivalent system of equations with at least one row of zeros, and since we then have fewer equations than unknowns, we will be able to assign an arbitrary value to some unknown, x_i, and solve for the other variables. In particular, A will have eigenvectors with eigenvalue $\lambda = 0$.

We will move on to examples to demonstrate this theory shortly, but this special case is the signpost for solving the general eigenproblem for a square $n \times n$ matrix A, which is the call to find all scalars λ such that for some non-zero vector $\mathbf{x}$, we have $A\mathbf{x} = \lambda\mathbf{x}$. By writing $\lambda\mathbf{x}$ as $\lambda I\mathbf{x}$, where I is the $n \times n$ identity matrix, we may write this as a single matrix equation:

$$A\mathbf{x} - \lambda I\mathbf{x} = \mathbf{0} \Leftrightarrow (A - \lambda I)\mathbf{x} = \mathbf{0}. \qquad (38)$$

This reduces the general problem to the one we have just solved, which is always a delight to a mathematician's eye, for (38) says that λ is an eigenvalue of A if and only if 0 is an eigenvalue of the matrix $A - \lambda I$, which we know occurs exactly when $A - \lambda I$ is a singular matrix.

Determinants now come into their own, for a square matrix A is singular exactly when its determinant is zero, and so we have the definitive conclusion: the eigenvalues λ of A are the real solutions (if any) to the equation $|A - \lambda I| = 0$. This equation, known as the *characteristic equation of A*, is a polynomial equation of degree n in the unknown λ. Notice that the matrix λI is simply a copy of the identity matrix I with λ replacing 1 all the way down the principal diagonal. Hence the matrix $A - \lambda I$ is obtained by subtracting the symbol λ from all the entries of the principal diagonal of A.

Having developed the basic theory, let's do a typical example: find the eigenvalues and corresponding eigenvectors of the matrix

$$A = \begin{bmatrix} 2 & 7 \\ -1 & -6 \end{bmatrix}.$$

We need to solve the quadratic equation

$$\begin{vmatrix} 2-\lambda & 7 \\ -1 & -6-\lambda \end{vmatrix} = 0 \Leftrightarrow -(2-\lambda)(6+\lambda) - (7)(-1) = 0$$

$$\Rightarrow (\lambda - 2)(\lambda + 6) + 7 = 0 \Rightarrow \lambda^2 - 2\lambda + 6\lambda - 12 + 7 = 0$$

$$\Rightarrow \lambda^2 + 4\lambda - 5 = 0 \Rightarrow (\lambda + 5)(\lambda - 1) = 0;$$

and so our two eigenvalues are $\lambda = -5$ and $\lambda = 1$. To find the eigenvectors that go with the eigenvalues λ, we need to solve the system of equations $A\mathbf{x} = \lambda\mathbf{x} \Leftrightarrow (A - \lambda I)\mathbf{x} = \mathbf{0}$. In this example, for $\lambda = -5$ we get

$$\begin{bmatrix} (2-(-5)) & 7 \\ -1 & -6-(-5) \end{bmatrix} \begin{bmatrix} x \\ y \end{bmatrix} = \begin{bmatrix} 0 \\ 0 \end{bmatrix}$$

$$\Leftrightarrow \begin{bmatrix} 7 & 7 \\ -1 & -1 \end{bmatrix} \begin{bmatrix} x \\ y \end{bmatrix} = \begin{bmatrix} 0 \\ 0 \end{bmatrix}$$

$$\Leftrightarrow \begin{bmatrix} 1 & 1 \\ 1 & 1 \end{bmatrix} \begin{bmatrix} x \\ y \end{bmatrix} = \begin{bmatrix} 0 \\ 0 \end{bmatrix},$$

where we have divided the first row by 7 and the second by -1. The two equations represented by the system have then turned out to be the same, but such redundancy had to appear as the eigenvalues necessarily have the effect of introducing a coefficient matrix that is not of full rank. We see that $\mathbf{x}$ will satisfy this system provided that $x + y = 0$, so that the eigenvectors with eigenvalue $\lambda = -5$ are exactly the non-zero vectors of the form $(a, -a)^T$; in particular, $(1, -1)$ is such an eigenvector. Similarly, for $\lambda = 1$ the system reduces to the single equation $x + 7y = 0$, so the associated eigenvectors are all non-zero multiples of $\mathbf{x} = (7, -1)^T$.

It is the case, of course, that matrices themselves may satisfy a polynomial equation, and on this topic we shall say but one thing. A square matrix has a unique *minimal polynomial*, that is to say a monic polynomial of least degree that has the matrix itself as a (matrix) root and which is a factor of every other polynomial with this property. This polynomial is always a factor of the characteristic polynomial and, put in this fashion, we have the *Cayley–Hamilton Theorem*: *any square matrix satisfies its characteristic polynomial.* To see this in action, take our current example, whose characteristic polynomial is $\lambda^2 + 4\lambda - 5$. To make sense of the constant term we treat 5 as $5I$, and by zero we mean the zero matrix of the appropriate size. A routine calculation will now verify that it is indeed the case that $A^2 + 4A - 5I = 0$.

Similarity and diagonalization

One big topic in matrix theory concerns the *diagonalization* of square matrices, which takes on a particularly simple form in the case of an $n \times n$ matrix A with n distinct eigenvalues. Explaining this topic allows us to touch on another fundamental idea in linear algebra, which is that of similarity of matrices: two matrices A and B are *similar* if there is some invertible matrix P such that $A = PBP^{-1}$. Similar matrices are genuinely similar, in that they represent the same linear transformation of n-space but with respect to different bases. They also share the same determinant, because if $A = P^{-1}BP$ then

$$|A| = |P^{-1}BP| = \frac{1}{|P|} \times |B| \times |P| = |B|.$$

And they have common eigenvalues too, for if λ is an eigenvalue of B with eigenvector $\mathbf{x}$ then $P\mathbf{x}$ is an eigenvector of A with the same eigenvalue:

$$A(P\mathbf{x}) = PBP^{-1}P\mathbf{x} = PBI\mathbf{x} = PB\mathbf{x} = P(\lambda\mathbf{x}) = \lambda(P\mathbf{x});$$

and we may reverse this line of argument to show that if $\mathbf{x}$ is an eigenvector of A then $P^{-1}\mathbf{x}$ is an eigenvector of B with the same eigenvalue.

Suppose now that A is an $n \times n$ matrix with n distinct, real eigenvalues $\lambda_1 < \lambda_1 < \ldots < \lambda_n$, and let D be the diagonal matrix $D = \text{diag}(\lambda_1, \lambda_2, \ldots, \lambda_n)$. The matrices A and D are then similar. The matrix P involved in the similarity of the pair of matrices A and D is the one whose jth column is an eigenvector $\mathbf{x}_j$ for the eigenvalue λ_j, so that it is natural to write $P = [\mathbf{x}_1|\mathbf{x}_2|\ldots|\mathbf{x}_n]$. It now follows from a routine calculation that $AP = PD$ or, what is the same, $A = PDP^{-1}$. (The significance of all the eigenvalues being different from one another is that this ensures that the matrix P is of full rank, and so P^{-1} exists.)

We finish with an application of this result, that of finding powers of a square matrix. We saw in Chapter 7 in our network example that the taking of powers is an operation that often arises in practical calculations. Indeed, in many mathematical models, a process is represented by the action of a matrix A on a vector of variables. Typically, this process could represent a commercial or a biological cycle of some kind. Iteration of the cycle reveals the long-term evolution of the process, and that corresponds to taking powers of A.

If we can diagonalize the matrix, this is a simple thing to calculate because

$$A^k = (PDP^{-1})(PDP^{-1})\dots(PDP^{-1}),$$

where there are k factors on the right. However, within this product, each P^{-1} is followed by a P, thus giving a factor of $P^{-1}P = I$, the identity matrix, which can be dropped. Therefore all the internal instances of P^{-1} and P vanish and the product telescopes to the simpler product PD^kP^{-1}. The bonus here is that it is trivial to compute powers of a diagonal matrix, as $D^k = \mathrm{diag}(\lambda_1^k, \lambda_2^k, \dots, \lambda_n^k)$. In effect, the k-fold matrix product has been converted into a product of just three matrices.

Negative powers as well are available:

$$A^{-k} = (A^k)^{-1} = (PD^kP^{-1})^{-1} = (P^{-1})^{-1}D^{-k}P^{-1} = PD^{-k}P^{-1}.$$

The determinant of a diagonal matrix D is just the product of the entries of its principal diagonal. (In fact, this is true of any *lower* or *upper triangular* matrix: a lower triangular matrix has only zero entries above its leading diagonal, and an upper triangular matrix has only zeros below). Since similar matrices share the same determinant, we may conclude therefore that the determinant of an $n \times n$ matrix with n distinct eigenvalues equals the product of those eigenvalues (a result that holds generally if we allow for complex and repeated roots of the characteristic equation).

An open-ended topic in matrix theory concerns the factorization of matrices. A visit to the Internet will provide a host of examples. The *LU (lower–upper) factorization* applies to square matrices: $A = LU$, where L is lower triangular while U is upper triangular. Alternatively, there is also the *QR factorization* (or *decomposition*) $A = QR$, where R is again upper triangular and Q is *orthogonal*, meaning Q is a square matrix whose inverse equals its transpose, so that $QQ^T = I$. The *QR Algorithm* for the computation of eigenvalues, which is based on the QR decomposition, is one of the most important algorithms in mathematics and was discovered independently by John G. F. Francis in England and the Soviet mathematician Vera Kublanovskaya in 1961. Although with matrix factorization we do not have a theorem that corresponds directly to the prime factorization of integers, the fact that the action of a matrix may be split into the action of two or more matrices with special properties is useful in a wide variety of applications.

Chapter 10
Vector spaces

More on abelian groups

This chapter features the algebra of vector spaces, which are abelian groups with an additional scalar multiplication by a field. By way of preamble, we look again at certain aspects of abelian groups.

One example type that we met in Chapter 6 was that of the cyclic group, $(\mathbb{Z}_n, +)$. We can generate another abelian group by placing two or more cyclic groups in parallel in the following fashion. Consider all pairs of the form (i, j) where i and j are drawn from the cyclic groups $\mathbb{Z}_m$ and $\mathbb{Z}_n$, respectively: this set is written as $G = \mathbb{Z}_m \times \mathbb{Z}_n$, and we go on to define an addition on this *direct product* by adding components separately, with the first entry operating modulo m and the second modulo n. This gives a new abelian group with $m \times n$ members in all.

The simplest example is when $m = n = 2$, for then G has $2 \times 2 = 4$ members, and $G = \{(0, 0), (1, 0), (0, 1), (1, 1)\}$. An example of an addition is $(0, 1) + (1, 1) = (1, 0)$, as for the second entry we get $1 + 1 \equiv 0 \pmod 2$. It is simple to check that $(0, 0)$ is the identity element and that for this particular group G, each member is self-inverse. Furthermore, the sum of any two distinct non-zero members of G is equal to the third.

It turns out that these are the only finite commutative groups: every finite abelian group is a direct product of cyclic groups, although in general we have to allow for more than two cyclic groups in the product. There is a pair of structure theorems for finite abelian groups. Any finite abelian group can be represented in one of two special ways based on numerical relationships between the subscripts of the cyclic groups involved. In one representation, we make all the subscripts powers of primes, in the alternative, we make each subscript a divisor of its successor. In this way we may decide when two finite abelian groups are isomorphic, which is to say essentially the same, by checking whether or not their representations are identical when they are presented in either of these two ways.

For example, $G = \mathbb{Z}_2 \times \mathbb{Z}_2$ and $H = \mathbb{Z}_4$ each have four members, but they are not two copies of the same abelian group for, as we have already seen, each member of G is its own inverse but that is not the case for the cyclic group H, as, for instance, $1 + 1 = 2 \not\equiv 0 \pmod 4$. In contrast, $G = \mathbb{Z}_2 \times \mathbb{Z}_3$ is isomorphic to $\mathbb{Z}_6$ as G is cyclically generated by the pair $(1, 1)$: by successively adding $(1, 1)$ to itself, we obtain in turn all six members of G, namely $(1, 1), (0, 2), (1, 0), (0, 1), (1, 2), (0, 0)$, and so G and H both represent a 6-cycle.

In general, $\mathbb{Z}_m \times \mathbb{Z}_n$ is isomorphic to $\mathbb{Z}_{mn}$ if m and n are relatively prime, but not otherwise. This is a modern interpretation of what is called the *Chinese Remainder Theorem*, which says that the system of two (or more) simultaneous congruences in relatively prime moduli of the form $x \equiv a \pmod m$ and $x \equiv b \pmod n$ has a unique solution modulo mn.

In the classical texts, a typical problem might ask for the smallest number that leaves a remainder of 1 when divided by 4 and 8 when divided by 9. This in effect asks for the member n of $\mathbb{Z}_{36}$ that corresponds to $(1, 8)$ in $\mathbb{Z}_4 \times \mathbb{Z}_9$. Since $n \equiv 1 \pmod 4$, we may put $n = 1 + 4t$. We also require that $n \equiv 8 \pmod 9$, and so we substitute accordingly into this second congruence to obtain

$$1 + 4t \equiv 8 \pmod 9$$

$$\Rightarrow 4t \equiv 7 \equiv 16 \pmod 9$$

$$\Rightarrow t \equiv 4 \pmod 9,$$

and so we arrive at $n = 1 + 4t = 1 + 4 \times 4 = 17$. This is indeed the solution as in $\mathbb{Z}_4 \times \mathbb{Z}_9$ we see that $17(1, 1) = (1, 8)$.

Vector spaces

Vector spaces are often the first type of axiomatically defined algebra with which university students are presented. The notion was formally defined in 1888 by Giuseppe Peano (1858–1932) of Turin and became central to mainstream mathematics from around 1920. Peano himself was led by the earlier efforts of the German scholar Hermann Grassmann (1809–77).

Vector spaces form the backdrop of linear mathematics, which underpins not only applied algebra but also aspects of the mathematics of the continuous. In short, once on the lookout for vector spaces you discover that they are common throughout mathematics. They are also a good place to learn how to frame abstract algebraic arguments, partly because there are natural examples to call upon that are already within a student's experience, but also because many of the important proofs are quite simple.

A *vector space* $(V, +)$ is first and foremost an abelian group. Often, but not always, V is an infinite group and the prototypes are the abelian groups $\mathbb{R}^2 = \mathbb{R} \times \mathbb{R}$, $\mathbb{R}^3$, and more generally $\mathbb{R}^n$, which consists of n-tuples $(a_1, a_2, \ldots, a_n)$ of real numbers, added by components (vector addition, which is just a special case of matrix addition). These vectors can themselves be multiplied by scalars, which are typically members of the field $\mathbb{R}$. This is the second aspect of vector spaces: for each there is an associated *field of scalars*, F, and vectors $\mathbf{u}$, $\mathbf{v}$ may be multiplied by scalars a, b to produce another vector, subject to the following laws, which are kinds of mixed associativity and distributivity laws, all of which we have seen in (28) when considering matrix multiplication by scalars:

$$a(b\mathbf{v}) = (ab)\mathbf{v}, \quad a(\mathbf{u} + \mathbf{v}) = a\mathbf{u} + b\mathbf{v}, \quad (a + b)\mathbf{u} = a\mathbf{u} + b\mathbf{u}.$$

In addition, we need to insist that $1\mathbf{v} = \mathbf{v}$. This is not a consequence of the other laws: without it we could for example have $a\mathbf{v} = \mathbf{0}$ for every scalar a and vector $\mathbf{v}$, and our scalar multiplication laws would all hold, albeit in a trivial way.

Given these rules we may, in a similar fashion to the rule about zero multiplication in Chapter 2, deduce that $0\mathbf{v} = \mathbf{0}$ (the zero on the left is the zero of the scalar field and that on the right the $\mathbf{0}$ of V). From this we may deduce further that $-1\mathbf{v} = -\mathbf{v}$ as follows:

$$\mathbf{0} = 0\mathbf{v} = (1 + (-1))\mathbf{v} = 1\mathbf{v} + (-1)\mathbf{v} = \mathbf{v} + (-1)\mathbf{v}$$

$$\Rightarrow (-1)\mathbf{v} = -\mathbf{v},$$

where the final conclusion invokes the uniqueness of inverses in a group. Note also that along the way we did indeed call upon the axiom that $1\mathbf{v} = \mathbf{v}$.

Certainly $\mathbb{R}^n$ satisfies the requirements of a vector space, but to find another less obvious example we look to the solution set S of a set of simultaneous equations, which we write in matrix form as $A\mathbf{x} = \mathbf{0}$. Let us assume that $\mathbf{x}$ consists of n unknowns so that S is a subset of $\mathbb{R}^n$, and since we have a *homogeneous system*, meaning that the RHS is zero, we know that S contains at least the solution $\mathbf{x} = \mathbf{0}$. However, S may contain more solutions: if we look at the 2×3 system (9) that arose in the Lincoln Fair problem of Chapter 3, we find that there is a single infinity of solutions to that system in that one variable can be freely assigned any value and the remaining two variables may then be expressed in terms of the free variable.

Moreover, the solution set S is a vector space in its own right. There is certainly no trouble about S satisfying the equational vector space axioms, as these properties are all known to hold in the larger vector space $\mathbb{R}^n$. What needs to be looked at, however, is whether or not S is closed under the vector space operations of addition and scalar multiplication (and that S is not empty, which we have already checked).

We can do this in one action by verifying an equivalent criterion, that being that S is closed under the taking of *linear combinations*, meaning that for all scalars, a and b, and all members $\mathbf{u}$, $\mathbf{v}$ of S, $a\mathbf{u} + b\mathbf{v}$ is also in S. But this follows at once by standard properties of matrices:

$$A(a\mathbf{u} + b\mathbf{v}) = aA\mathbf{u} + bA\mathbf{v} = a\mathbf{0} + b\mathbf{0} = \mathbf{0} + \mathbf{0} = \mathbf{0},$$

and so the solution set S of a homogeneous system of equations in $\mathbb{R}^n$ is a *subspace* of $\mathbb{R}^n$.

This has consequences for the more general system $A\mathbf{x} = \mathbf{b}$, for if $\mathbf{a}$ is *any* particular solution of this latter system, so that $A\mathbf{a} = \mathbf{b}$, then the totality of all solutions is given by $S + \mathbf{a}$, meaning that if $\mathbf{x}$ lies in S then $\mathbf{x} + \mathbf{a}$ is a solution to $A\mathbf{x} = \mathbf{b}$ (which follows at once, as then $A(\mathbf{x} + \mathbf{a}) = A\mathbf{x} + A\mathbf{a} = \mathbf{0} + \mathbf{b} = \mathbf{b}$), and that every solution $\mathbf{c}$ to the general system has this form. To see, just note that $\mathbf{x} = \mathbf{c} - \mathbf{a}$ solves $A\mathbf{x} = \mathbf{0}$, as

$$A\mathbf{x} = A(\mathbf{c} - \mathbf{a}) = A\mathbf{c} - A\mathbf{a} = \mathbf{b} - \mathbf{b} = \mathbf{0};$$

hence $\mathbf{x}$ is in S, and so the typical solution $\mathbf{c} = \mathbf{x} + \mathbf{a}$ does indeed lie in $S + \mathbf{a}$.

This approach of expressing the general solution to a system of equations as a translate of the solutions of a homogeneous system that forms a subspace of a related vector space is also applicable to quite different kinds of equations, including the systems of so-called linear differential equations that typically arise in mathematical models of moving physical systems.

As has already been touched upon, the 'dimension' of the solution set for our pair of simultaneous equations from our Lincoln Fair problem is 1, in that there is one degree of freedom on offer when specifying a particular trio of numbers that satisfy both equations. This leads us to the question as to what we mean by the dimension of a vector space.

If we take any subset A of a vector space V, then the collection U of all possible linear combinations of members of A is itself a subspace of V, as U is closed under the taking of linear combinations. Since any subspace that contains A necessarily contains all such linear combinations, it follows that U is the smallest subspace of V that contains A: we say that U is the *subspace generated by* A and that A is a *spanning set* for the subspace U.

Next, a subset $I = \{\mathbf{u}_1, \mathbf{u}_2, \ldots, \mathbf{u}_k\}$ of V is called *independent* if no member of I is a linear combination of other members of I. An equivalent definition is that

$$(a_1\mathbf{u}_1 + a_2\mathbf{u}_2 + \ldots + a_k\mathbf{u}_k = \mathbf{0}) \Rightarrow (a_1 = a_2 = \ldots = a_k = 0). \qquad (39)$$

This does say the same thing—if the condition of this definition is violated, then some $a_i \neq 0$ and we may then make $\mathbf{u}_i$ the subject of the equation on the left, while conversely, if $\mathbf{u}_i$ is a linear combination of other vectors from I, then taking all terms to the LHS gives a linear combination that is equal to $\mathbf{0}$ yet the coefficient of $\mathbf{u}_i$ equal to 1 (and so $a_i = 1 \neq 0$).

The definition (39) may seem a more technical formulation of the idea of independence but, because it is framed in terms of equations, it lends itself to algebraic manipulation and so is useful in mathematical argument. Furthermore, the condition that *some*

$\mathbf{u}_i$ is a linear combination of the other vectors does *not* imply that *every* vector in the list is a linear combination of the others: for a simple example in $\mathbb{R}^2$ that makes this point, we may take $\mathbf{u}_1 = (0, 0)$ and $\mathbf{u}_2 = (1, 0)$. Then $\mathbf{u}_1 = 0\mathbf{u}_2$, so that the set $\{\mathbf{u}_1, \mathbf{u}_2\}$ is not independent, but $\mathbf{u}_2$ is not a multiple of $\mathbf{u}_1$.

The importance of independent sets lies in the fact that they can be used to coordinatize vector spaces, for suppose that I is independent and U is the subspace of V generated by I. Then I is both independent and a spanning set for U, and as such is known as a *basis* for the vector space U. Any member $\mathbf{u}$ of U can of course be written as a linear combination of the members of I because I spans U but, crucially, that linear combination is unique, for suppose we had two such representations:

$$\mathbf{u} = a_1\mathbf{u}_1 + a_2\mathbf{u}_2 + \ldots + a_k\mathbf{u}_k = b_1\mathbf{u}_1 + b_2\mathbf{u}_2 + \ldots + b_k\mathbf{u}_k.$$

Then, by subtraction, we obtain

$$(a_1 - b_1)\mathbf{u}_1 + (a_2 - b_2)\mathbf{u}_2 + \ldots + (a_k - b_k)\mathbf{u}_k = \mathbf{0},$$

and since I is independent, this implies from our definition (39) that *all* these coefficients equal zero, which is just to say that $a_1 = b_1$, $a_2 = b_2$, $\ldots$, $a_k = b_k$. Therefore the representation of $\mathbf{u}$ in terms of the members of I is unique.

This coordinatization allows us to identify $\mathbf{u}$ with the corresponding list of coordinates $(a_1, a_2, \ldots, a_k)$, and the associated mapping is an isomorphism of U onto the vector space F^k, where F is the scalar field of multipliers of our vector space V. That is to say, regarded as a vector space, U is just a copy of F^k.

A vector space generally possesses lots of bases. When dealing with $\mathbb{R}^3$, for instance, we have favoured the *standard basis*, $\mathbf{b}_1 = (1, 0, 0)$, $\mathbf{b}_2 = (0, 1, 0)$, $\mathbf{b}_3 = (0, 0, 1)$. This trio of vectors has the additional nice properties of all being of length 1, and each being perpendicular to the other two. However, *any* three vectors in $\mathbb{R}^3$ form a basis for $\mathbb{R}^3$ as long as none is a linear combination of the others, which amounts to saying that the corresponding position vectors do not all lie in the one plane. Particular problems sometimes may be simplified using bases other than the standard basis, such as those involving eigenvectors of the associated matrix.

It is the case, however, that every vector space possesses a basis and that any two bases have the same size. This common size is called the *dimension* of the vector space. Some vector spaces are, however, infinite-dimensional. For example, the collection of all polynomials with real coefficients form a vector space under polynomial addition, and a natural basis here is the list of all powers of x, i.e. $1, x, x^2, \ldots, x^n, \ldots$, which is clearly infinite in extent.

The proof that all bases of a vector space V have a common size depends on what is known as the *Exchange Lemma*, which has as a consequence that any independent set I of V is never larger in size than any spanning set S of V. If we then have two bases of V, B_1 and B_2, then B_1 is no larger than B_2, as B_1 is independent and B_2 spans V, and, by the same reasoning, B_2 is no larger than B_1. Therefore the two bases must have the same size, the dimension of V.

Another significant consequence of the Exchange Lemma is that every independent set I of V may be extended to a basis B of V, meaning that B contains I as a subset. In particular, a basis I of a subspace U of a vector space V can be extended to a full basis B of V. It follows from this that the dimension of a subpace is always less than or equal to that of the containing vector space V, and indeed we can only have equality in their dimensions if $U = V$.

Many important facts about matrices can be proved by applying these ideas to the *row space* and the *column space* of an $m \times n$ matrix A, which are the respective subspaces of $\mathbb{R}^n$ and $\mathbb{R}^m$

spanned by the rows of A and the columns of A. In particular, it can be proved that the row rank and column rank have a common value, which is therefore called the *rank* of A, and that for any matrix product AB, $\text{rank}(AB) \leq \text{rank}(A)$.

Finite fields

In this final section, we bring together the ideas of modular arithmetic, the construction of the complex numbers, factorization of polynomials, and vector spaces to explain the existence of finite fields, closing the discussion with a concrete example. We have already noted that the commutative ring $(\mathbb{Z}_p, +, \cdot)$, where p is prime, is indeed a field of p elements. There are finite fields, however, that are not of this simple type. Nonetheless, the field laws coupled with finiteness impose a great deal of restriction on the structure of any finite field, which is why there are so few of them. Indeed, for every prime number p and positive integer n, there is, up to isomorphism, just one finite field with p^n members, and there are no others.

The highly structured nature of finite fields has allowed many applications not only to problems in algebra but also to modern cryptography, where the difficulty of the so-called discrete logarithm problem in finite fields or in elliptic curves is the basis of common protocols, such as the Diffie–Hellman protocol. In coding theory, many codes are constructed as subspaces of vector spaces over finite fields. In pure number theory, the famous proof by Sir Andrew Wiles of Fermat's Last Theorem involved a host of sophisticated mathematical tools, finite field theory being among them. Let us look at how this delicate structure comes about.

A finite field, is firstly, a finite abelian group $(F, +)$, and from this it can be deduced that there is a least positive integer, p, such that for every member a of F we get $pa = a + a + \cdots + a = 0$ (where there are p instances of a in the sum). What is more, it can be shown that p is itself a prime and, indeed, F has a copy of the field

$(\mathbb{Z}_p, +, \cdot)$ embedded within it. If we use the number 1 to denote the multiplicative identity of F, then this *prime subfield* of F, can be written as $\mathbb{Z}_p = \{0, 1, 2, \ldots, p - 1\}$.

We may now note further that F is a vector space over its prime subfield (the axioms hold through F being a field) and so F has a basis B, of let us say n elements. Each member of F can then be written uniquely as a linear combination of the n members of B, giving a total of p^n elements of F. To reiterate, any finite field has p^n elements for some prime p and some positive integer n.

Both $(F, +)$ and $(F\backslash\{0\}, \cdot)$ are finite abelian groups. The additive group of F is simply the direct product of n copies of $\mathbb{Z}_p$. The multiplicative group is even simpler, being the cyclic group $\mathbb{Z}_q$, where $q = p^n - 1$ (of course, 0 is not a member of this group). This can be proved through use of the structure theorems for finite abelian groups mentioned in the first section of this chapter, and by analysis of the roots of a polynomial equation of the form $x^m = 1$, as there is a common power m of all the non-zero members of F that gives 1. The finite field with p^n elements is the smallest field in which the polynomial $x^{p^n} = x$ has p^n distinct roots.

As an example, we construct the finite field F_9, with $3^2 = 9$ elements. By the comments above, the prime subfield of F_9 will be $\mathbb{Z}_3 = \{0, 1, 2\}$ under addition and multiplication modulo 3. In this field, we have of course that $2 = -1$, for $1 + 2 = 3 \equiv 0 \pmod 3$. We now note that $\mathbb{Z}_3$ lacks a square root of -1, for $0^2 = 0$, $1^2 = 1$, and $2^2 = 4 \equiv 1 \pmod 3$. In a manner reminiscent of the way in which we constructed the field of complex numbers, we remedy this situation by introducing a new symbol, α, endowed with the property that $\alpha^2 = -1$, and adopt α as a member of F_9. This leads to the analogue of the complex numbers over the field $\mathbb{Z}_3$, giving us $3^2 = 9$ 'complex' numbers, those being the nine formal sums $a + b\alpha$, where a and b are members of $\mathbb{Z}_3$. We now combine them according to the field laws, making use of the equation $\alpha^2 = -1 = 2$ whenever powers of α arise.

Table 2. Product table for the eight non-zero members of the nine-element field.

$\cdot$	**1**	**2**	$\boldsymbol{\alpha}$	$\mathbf{1+\alpha}$	$\mathbf{2+\alpha}$	$\mathbf{2\alpha}$	$\mathbf{1+2\alpha}$	$\mathbf{2+2\alpha}$
1	1	2	a	$1+a$	$2+a$	$2a$	$1+2a$	$2+2a$
2	2	1	$2a$	$2+2a$	$1+2a$	a	$2+a$	$1+a$
$\boldsymbol{\alpha}$	a	$2a$	2	$2+a$	$2+2a$	1	$1+a$	$1+2a$
$\mathbf{1+\alpha}$	$1+a$	$2+2a$	$2+a$	$2a$	1	$1+2a$	2	a
$\mathbf{2+\alpha}$	$2+a$	$1+2a$	$2+2a$	1	a	$1+a$	$2a$	2
$\mathbf{2\alpha}$	$2a$	a	1	$1+2a$	$1+a$	2	$2+2a$	$2+a$
$\mathbf{1+2\alpha}$	$1+2a$	$2+a$	$1+a$	2	$2a$	$2+2a$	a	1
$\mathbf{2+2\alpha}$	$2+2a$	$1+a$	$1+2a$	a	2	$2+a$	1	$2a$

The addition table of F_9 is that of $\mathbb{Z}_3 \times \mathbb{Z}_3$: for example,

$$(1+a)+(2+a)=3+2a=0-a=-a.$$

The multiplication table is more interesting, but is now easily compiled, if we remember to replace each instance of a^2 by -1 (or 2) as we proceed. The multiplicative group of non-zero members of F_9 is as shown in Table 2.

Sample calculations:

$$2a(2+a)=4a+2a^2=a+2(-1)=a-2=1+a;$$

$$(2+a)^2=4+4a+a^2=(4-1)+a=3+a=a.$$

Being a group table, Table 2 has the Latin square property, in that each symbol of the group appears exactly once in each row and each column of the body of the table. Being an abelian group table, it is symmetric with respect to reflection in the principal diagonal of the table. In accord with our description above, this group is the cyclic group $\mathbb{Z}_8$, having, for example, $1 + a$ as a generator, meaning that the eight powers of $1 + a$ comprise the entire group:

$$(1 + a), \quad (1 + a)^2 = 2a, \quad (1 + a)^3 = 1 + 2a, \quad (1 + a)^4 = 2,$$

$$(1 + a)^5 = 2 + 2a, \quad (1 + a)^6 = a, \quad (1 + a)^7 = 2 + a, \quad (1 + a)^8 = 1.$$

And with this, one of the prettiest of multiplication tables, we end our book.

Further reading

This book provides no more than a rapid and skeletal introduction to modern algebra. To put further flesh on the bones requires more familiarity with other aspects of mathematics, particularly calculus, for the development of algebra has not taken place in a vacuum. For instance, matrix algebra is central to the calculus of several variables, and familiarity with one develops comprehension of the other. Indeed, whole areas of mathematics, such as topology, have an algebraic side to them.

For a careful and thorough introduction to algebra, the reader may go to any textbook with a title along the lines of 'Introduction to Abstract/Modern Algebra'. Books on discrete mathematics will also involve algebra in a substantial way, while focusing on applications to networks. Before that, however, the reader may be advised to learn more about *linear algebra* as, along with calculus, the algebra of matrices lies at the core of advanced mathematics. Moreover, an introduction to vector spaces, which arises through abstraction from linear algebra, is perhaps the gentlest introduction to abstract algebra. Group theory does indeed lie at the heart of contemporary algebra, but the theory of groups can be a difficult topic unless the student has some prior experience of working with more concrete algebraic types.

An online search for algebra books will immediately yield plenty of examples, and it is not hard to tell the difference between those that focus on school algebra of the kind read in the first four chapters of this

VSI and those designed for university work. For those reasons, I will not make a list here of the many excellent books on modern algebra.

However, if the reader would like to learn more on the human side of the subject, there is for example *Taming the Unknown: A History of Algebra from Antiquity to the Early Twentieth Century* by Victor J. Katz and Karen Hunger Parshall (Princeton: Princeton University Press 2014). A nice historical introduction to complex numbers is *An Imaginary Tale: The Story of* $\sqrt{-1}$ by Paul J. Nahin (Princeton: Princeton University Press 2010). I also make special mention of the book *Abel's Proof: An Essay on the Sources and Meaning of Mathematical Unsolvability* by Peter Pesic (Cambridge MA: MIT Press 2004). This is not an algebra text but it does take the reader through the history of the unsolvability of the quintic and, in detail, explains the original proof of Ruffini and Abel as opposed to that provided through Galois theory, which is the basis of the modern theory of polynomial equations.

“牛津通识读本”已出书目

古典哲学的趣味
人生的意义
文学理论入门
大众经济学
历史之源
设计，无处不在
生活中的心理学
政治的历史与边界
哲学的思与惑
资本主义
美国总统制
海德格尔
我们时代的伦理学
卡夫卡是谁
考古学的过去与未来
天文学简史
社会学的意识
康德
尼采
亚里士多德的世界
西方艺术新论
全球化面面观
简明逻辑学
法哲学：价值与事实
政治哲学与幸福根基
选择理论
后殖民主义与世界格局

福柯
缤纷的语言学
达达和超现实主义
佛学概论
维特根斯坦与哲学
科学哲学
印度哲学祛魅
克尔凯郭尔
科学革命
广告
数学
叔本华
笛卡尔
基督教神学
犹太人与犹太教
现代日本
罗兰·巴特
马基雅维里
全球经济史
进化
性存在
量子理论
牛顿新传
国际移民
哈贝马斯
医学伦理
黑格尔

地球
记忆
法律
中国文学
托克维尔
休谟
分子
法国大革命
民族主义
科幻作品
罗素
美国政党与选举
美国最高法院
纪录片
大萧条与罗斯福新政
领导力
无神论
罗马共和国
美国国会
民主
英格兰文学
现代主义
网络
自闭症
德里达
浪漫主义
批判理论

德国文学
戏剧
腐败
医事法
癌症
植物
法语文学
微观经济学
湖泊
拜占庭
司法心理学
发展
农业
特洛伊战争
巴比伦尼亚
河流
战争与技术
品牌学
数学简史
物理学
行为经济学
计算机科学
儒家思想
未来

儿童心理学
时装
现代拉丁美洲文学
卢梭
隐私
电影音乐
抑郁症
传染病
希腊化时代
知识
环境伦理学
美国革命
元素周期表
人口学
社会心理学
动物
项目管理
美学
管理学
卫星
国际法
计算机
亚当 · 斯密
代数

电影
俄罗斯文学
古典文学
大数据
洛克
幸福
免疫系统
银行学
景观设计学
神圣罗马帝国
大流行病
亚历山大大帝
气候
第二次世界大战
中世纪
工业革命
传记
公共管理
社会语言学
物质
学习
化学
天体物理学